PARFUM – REICH DER DÜFTE

Manuela von Perfall

PARFUM

Reich der Düfte

Hädecke Verlag

ISBN 3-7750-0228-6

Genehmigte Lizenzausgabe für den Walter Hädecke Verlag,
D - 7252 Weil der Stadt

1. Auflage 1992

Text: Manuela von Perfall

Titelgestaltung: Atelier Frank Burger
Grafik: Christine Messer
Lithographie: SKS-Repro GmbH, Pliezhausen
Druck: Metzger Druck GmbH, Obrigheim/Neckar
Bindung: Großbuchbinderei Hollmann GmbH, Darmstadt.
Gesamtherstellung: AVG GmbH

Inhalt

*„Von unseren fünf Sinnen ist der
Geruchsinn sicher derjenige, der den besten Eindruck
von der Unsterblichkeit vermittelt“.
Salvador Dali.*

Die Macht der Düfte

Ein bißchen Wohlgeruch besitzt die Macht, längst Vergangenes zum Leben zu erwecken, so plastisch und klar, als sei es gestern geschehen. „Der Duft ist ein großer Zauberer“, schreibt Helen Keller aus ihrer dunklen, stillen Welt, „er entflieht in die Ferne und bleibt doch immer bei uns. Wenn ich an ihn denke, füllt sich meine Seele mit süßen Erinnerungen an vergangene Sommertage und längst verblühte Gärten“. Ein Geruch kann unsere Gefühle durcheinanderbringen, ein auf der Straße aufgeschnappter Duft die Sehnsucht nach dem ersten Liebhaber entzünden oder die modrige Ausdünstung eines Kellers längst vergessen geglaubte Monster und Dämonen herbeizitieren. Düfte sind unsterblich. Unsichtbar und unbestechlich beherrschen sie unser Leben.
Der Geruchsinn ist nicht nur der Sinn der Erinnerung. Er ist auch der Sinn der Liebe. „Mit ihren weichen Hüften, bedeckt mit schönen Stoffen, ihren Brüsten, parfumiert mit Sandelholz, geschmückt mit Halsketten und Juwelen, und mit vom Bade duftendem Haar schmeichelt die schöne Frau ihren Liebhabern und entfacht in ihnen brennende Begierde“. Was die laszive Schöne aus dem klassischen indischen Gedicht „Ritusanhara“ im Sinn hat, liegt in der Luft. Düfte werden fast immer auch verwendet, um Gunst und Aufmerksamkeit des anderen Geschlechts zu wecken.
Unzählige Hoffnungen und Träume wohnen im Land der Düfte. Ihre unwiderstehlichen Anziehungskräfte, ihre magischen Verführungskünste, ihre flüchtigen Geheimnisse haben zu allen Zeiten Frauen und Männer betört. Menschen ruinierten sich, um in den Besitz duftender Schätze zu gelangen, Staaten führten Kriege, Kolonien wechselten die Besitzer, die Geschichte der Menschheit ist untrennbar mit der Geschichte des Duftes verbunden.
Wo liegt das Geheimnis? Warum brechen vernünftig verriegelte Barrieren oder erwachen Schatten zum Leben, wenn wir von Gerüchen „überfallen“ werden? Düfte gelangen ohne Umwege über den kritischen Verstand in unser Unterbewußtsein, und die Empfindungen, die sie dort entzünden, brennen ewig. Augen, Ohren und Gefühle können vergessen – die Nase nie. Welche Erinnerungen und Assoziationen ein Duft heraufbeschwört, ist jedoch reine Gefühlssache. Was dem einen stinkt, mag im zweiten machtvolle Erinnerungen wecken und im dritten nebulöse Hoffnungen entfachen. Und das Vokabular, das unsere Sprache zur qualitativen Einordnung von Gerüchen bereithält, ist wohl vor allem deshalb so beschränkt, weil Gerüche subjektiv empfunden werden.
Einen Geruch, einen Duft, ein Parfum in seine verbalen und molekularen Bestandteile zu zerlegen, ist nicht das Ziel dieses Buches. Es möchte nur ein Bilderbuch sein, das die atavistische Witterung aufnimmt. Es möchte ein Märchenbuch sein, das betörende Geschichten erzählt, ein Tagebuch voller parfumgeschwängerter Anekdoten. Ein Reisender kann der diffusen und ungreifbaren Welt des Wohlgeruchs niemals all ihre Wunder entlocken. Denn jeder wird, wenn er das Siegel eines Flakons bricht oder ein Duft ihm begegnet, neue Geheimnisse entdecken.

Manuela von Perfall, August 1992

FLÜCHTIGE

VERFÜHRUNG

Aus der Luft gegriffen

Um in den Besitz des „Himmelshauches“ zu gelangen – so nannte Victor Hugo das Parfum –, hat der erfinderische Mensch die unterschiedlichsten Methoden ersonnen. Doch das, was so verschwenderisch durch die Luft weht, in Fläschchen und Flakons abzufüllen, ist nicht nur ein mühsames Geschäft. Es mutet fast wie Zauberei an, daß aus einem gasförmigen und dementsprechend ungreifbaren Element, wie es beispielsweise der Duft einer Blüte ist, überhaupt beständige und haltbare Flüssigkeiten gewonnen werden können. Des Rätsels Lösung sind die ätherischen Öle. Diese leichtflüchtigen Essenzen geben unzähligen Pflanzen, Hölzern, Gräsern, Gewürzen, Blättern und Blumen ihre duftende Identität. Selbst in winzigsten Quantitäten ist ihre Anwesenheit immer noch spürbar. So reicht das Zweimillionste eines Milligramms Vanille pro Kubikmillimeter aus, um sie als solche wiederzuerkennen.

Die populärste Methode, diesen erstaunlichen „Duftgeist“ zu bannen, ist heute die Wasserdampfdestillation. Dabei werden die natürlichen Rohstoffe zerkleinert und in eine Destillationsblase gefüllt, durch die man Wasserdampf leitet. Die flüchtigen Duft-Bestandteile bilden mit dem Wasserdampf ein Dampfgemisch, das sich nach der Kondensation in Wasser und ätherisches Öl trennt. Der Duftträger der so entstandenen Essenz ist – wenn ein Parfum Eau de Cologne oder Eau de Toilette daraus werden soll – immer Alkohol: In ihm löst sich das Öl, und er hindert es am „verduften“. Früher verwendete man das alkoholische Duftwässerchen nicht nur äußerlich, auch einen gepflegten Schwips konnte man damit diskret einleiten, und der Schnaps- und Brandybrenner war oft der gleiche, der Parfums und Eau de Toilettes schuf. In den heutigen harten Zeiten wird ausschließlich denaturierter Alkohol verwendet, mit anderen Worten Alkohol, der ungenießbar ist.

Eine zweite Möglichkeit, duftende Vergänglichkeit in den Dienst des Sinnenmenschen zu stellen, ist die „Enfleurage“. Mit tierischem Fett bestrichene Glasrahmen bilden dabei das Bett für Blütenblätter, die vorsichtig auf ihre weiche Liegestatt plaziert werden. Innerhalb weniger Tage entzieht das Fett die Duftstoffe aus der so präparierten und inzwischen ausgelaugten Blüte.

Auch Lösungsmittel können den Weg zu ätherischen Ölen freimachen. Möglichst frische Blumen sperrt man in hermetisch abgeschlossene Tanks, durch die unter hohem Druck Lösungsmittel wie Petrolether oder Methanol geleitet werden. Der Vorgang ähnelt einer chemischen Reinigung, wobei die Lösungsmittel natürlich sehr viel feiner und geruchsneutraler sein müssen. Wenn die Öle einmal aus der Pflanze und in der Lösung sind, wird das

Weil viele Blüten mit steigender Sonne ihren delikaten Geruch verlieren, beginnen die Pflücker zur Stunde der Morgendämmerung mit der mühseligen Ernte.

Auch heute noch müssen die gesammelten Blüten handverlesen werden. Und wie vor Jahrhunderten erhält man aus fünf Tonnen Rosenblüten nicht mehr als nur ein einziges Kilogramm ätherisches Öl.

Lösungsmittel verdampft. Im nächsten Schritt löst man dann die duftende Essenz mit Alkohol von den wachsartigen Substanzen, die das Öl verunreinigen. Das Endergebnis heißt „Absolue".

Um Zitrusfrüchten – einem wichtigen parfumistischen „Grundnahrungsmittel" – ihr Öl abzugewinnen, bietet sich nur ein einziger Kunstgriff an: die Expression. Die ätherische Essenz sitzt in der Schale – und die wird schlicht und einfach ausgepreßt.

Ätherische Öle werden in der Regel aus den Ländern geliefert, in denen die Rohstoffe für sie wachsen.So kommt z. B. das Rosenöl in erster Linie aus Bulgarien und der Türkei, Nelkenöl aus Indonesien und Madagaskar, Vetiver aus Haiti, Lavendelöl aus Frankreich und Jasminöl aus Marokko.

Wie Kaffee oder Weizen werden auch die natürlichen Essenzen auf dem Weltmarkt gehandelt – wenn die Ernte nicht schon vorher von einem Einkäufer reserviert wurde – und ihre Preise richten sich nach den ewigen Gesetzmäßigkeiten von Angebot und Nachfrage. Was die Natur uns an duftender Vielfalt bietet, ist, wenn wir sie zähmen und besitzen wollen, manchmal gar teurer als Gold.

Märchen aus 1001 Duft

Verglichen mit dem Pflanzenreich, gibt es nur extrem wenige animalische Ressourcen für die Duftgewinnung. Zu den kostbarsten und rätselhaftesten Duftstoffen tierischen Ursprungs gehört dabei Ambra. Die geschmeidige, fettige Substanz stammt aus den Eingeweiden des Pottwals, und bis heute ist nicht geklärt, auf welche Weise das Tier sie produziert. Ambra wird seit Urzeiten eine stark aphrodisische Wirkung zugeschrieben, und auf der Jagd nach der erotisierenden Innerei – und anderen brauchbaren Stoffen – ist dem friedlichen Koloß fast der Garaus gemacht worden. Inzwischen verzichten fast alle Nationen auf das Töten der gefährdeten Säugetiere, und der Bedarf an Ambra wird durch ein chemisches Substrat befriedigt, das dem Naturprodukt gleichwertig ist.

Auch der schwere, süße Geruch, der aus den Geschlechtsdrüsen des Moschushirsches gewonnen wird, kann heute synthetisch nachgeahmt werden. Früher mußten 140 Tiere ihr Leben für ein einziges Kilo des begehrten Aromas lassen. Moschusgeruch ist von allen Düften der durchdringendste – er haftet selbst an Metall – und der mit Moschus vermischte Mörtel, der vor über tausend Jahren in arabischen Moscheen verwendet wurde, duftet heute noch. Russische und kanadische Biber liefern ähnlich fixierende Drüsensekrete, die von der modernen Parfumerie verschwenderisch in Anspruch genommen werden und den Namen Castoreum, zu deutsch „Bibergeil", tragen. Die Zibetkatze schließlich scheidet unter „Streß" ein unbeschreiblich ekelerregendes Sekret aus, das durch höchste Verdünnung warm, ledrig und erogen wird und in kaum einer orientalischen Duftnote fehlt. William Shakespeare zitiert in seinem Lustspiel „Viel Lärm um Nichts" schon im 17. Jahrhundert den Reiz des Duftes herbei:„Und was mehr ist: er reibt sich mit Zibet; merkt ihr nun, wo's ihm fehlt? Das heißt mit andren Worten: der holde Knabe ist verliebt."

Aromatische Pflanzen spielen jedoch zweifellos die Hauptrolle im Dufttheater. Sie kostümieren mit ihren Ölen, Balsamen und Harzen jene ungeheuer bunte Welt, die vor unserer Nase liegt. „Wollte Zeus eine herrschende Blume erwählen ... würde die Rose Königin sein", heißt es im fünften Fragment der Sappho um 600 v. Chr. Ihr verdankt die Menschheit jene unvergleichlich majestätischen Essenzen, die Dichter besungen, Künstler verehrt und Frauen geliebt haben. In Bulgarien, im Schutze des Balkangebirges, liegt heute das größte Rosen-Anbaugebiet der Welt.

Wenn die Rose Königin der Parfumerie ist, ist der Jasmin ihr König. Bei Sonnenaufgang, zur „Stunde der Düfte", wie Paracelsus sie nannte, verströmt der blütenweiße Strauch sein berauschendes Parfum, das fast jede große Duftkomposition bereichert und abrundet. Marokko und Ägypten sind die größten, Jasminöl produzierenden Länder.

Die Narzisse, ursprünglich in Anatolien und Persien beheimatet, wird heute in Frankreich und Holland angebaut.

Schon seit römischen Zeiten verwenden Parfumeure „Iris de Perse“, aus deren Wurzeln das ätherische Öl gewonnen wird.

Von den ca. 2000 blühenden Pflanzen, die ätherische Öle enthalten, ist nur ein Teil für die Parfumherstellung wichtig. Der in Mexiko beheimateten Tuberose, der „Freundin der Nacht", verdanken Düfte wie beispielsweise „White Shoulders" oder „Chloé" ihre wertvolle Ausstrahlung: Ein Pfund des süßen, kampferartigen Konzentrats kostet bis zu fünftausend Mark. Auch das Hyazinthenöl ist extrem teuer, es wird inzwischen meist synthetisch imitiert und gibt „in natura" nur noch den wenigsten Parfums ihren grünen, blumigen Charakter. Der schöne Ylang-Ylang-Baum blüht hingegen in der tropischen Üppigkeit Indonesiens das ganze Jahr hindurch und schenkt vielen Düften sein kräftiges, süßes Bananen-Aroma.

Ein wichtiges parfumistisches Gestaltungsmittel ist der Lavendel. Seine violette Farbe und sein würziger Duft prägen die Landschaft Südfrankreichs und begründen die große Dufttradition dieser begnadeten Gegend. Lavendel hat einen angenehm frischen Duft mit balsamischen Untertönen, auf den keine Komposition mit einer sportlichen Note verzichten mag.

Nicht nur Blüten verleihen Düften ihre Farbigkeit. Blätter und Stengel, Früchte, Samen und Wurzeln, Holz, Nadeln, Zweige und Kräuter, Harze, Balsame und Flechten – sie alle beherbergen Duftbausteine, auf die Parfums sich gründen. Zwei der bekanntesten aus Blättern und Stengeln gewonnenen ätherischen Öle sind die aus Indonesien stammenden Patschuli- und Nelkenblätteröle. Früchte, z. B. Anis aus Spanien, Wacholder aus Ungarn und Fruchtschalen, z. B. Bergamotte aus Kalabrien, Zitrone aus Sizilien oder Grapefruit aus den USA, liefern ebenso unverzichtbares Duftmaterial wie viele Wurzeln, aus denen würzig-aromatische Düfte destilliert werden: Angelikawurzel aus Belgien und Ungarn, Iris aus Frankreich und Marokko, Kalmus aus Indien und Rußland ...

Der Orangenbaum produziert gleich drei verschiedene ätherische Öle: seine Blüten ergeben Neroliöl, Blätter und Zweige Petitgrainöl und die Fruchtschalen das Orangenöl.

Schon im Altertum wurden Hölzer wegen ihres eigenartigen und intensiven Geruchs hochgeschätzt. „In eines Holzes Duft liegt fernes Land. Gebirge schreiten durch die laue Luft, ein Windhauch streicht wie Mutter deine Hand", Joachim Ringelnatz hat den Bäumen Flügel verliehen. Die duftendsten unter ihnen sind: Sandelholz aus Indien, Rosenholz aus Brasilien, Zeder aus China und Afrika, Guajakholz aus Paraguay und Argentinien. Ätherische Öle fließen aus aller Herren Länder – ihre Quellen liegen überall, und die kosmopolitische Sprache, in der sie uns ansprechen, versteht jeder. Neben den pflanzlichen und animalischen Rohstoffen, aus denen der Mensch schon immer seine Düfte schöpfte, bereichern seit ca. 100 Jahren synthetisch hergestellte Materialien die Parfumkunst um ein Vielfaches.

Die von Menschenhand geschaffenen Aromen inspirieren, seitdem „Fougère Royale" 1882 als erstes Parfum mit synthetischen Inhaltsstoffen den Markt eroberte, das botanische Königreich, bekräftigen und beschleunigen seine Botschaften und finden neue, phantastische Formulierungen.

Die Libanonzeder liefert den typischen Koniferen-Duft.

Kamille wird aus Ungarn und Marokko importiert.

In Bulgarien liegen die größten Rosen-Anbaugebiete.

Neben Spanien und Portugal kommt das Eukalyptusöl vor allem aus Australien.

Das kühlende Minze-Öl destilliert man in den USA und Japan.

Frankreich, Bulgarien und Rußland destillieren Lavendel.

Die Blätter der Nelke (Madagaskar und Indonesien) enthalten das ätherische Öl.

Hauptlieferant des Thymiankrauts ist Spanien.

Die Blüten der Tuberose – lateinisch „amica nocturna“, „Freundin der Nacht“ – liefern ein besonders kostbares Öl.

Kunstdüfte

13. Mai 1923
Sehr geehrte Herren,
...es folgt daraus gegen alle Erwartung, daß die Ketogruppe des Zibetons im Ringe sitzt. Da auch die C-C-Bindung cyclisch ist, so käme man zu dem Schluß, daß das Zibeton einen so großen C-Ring besitzt, wie man solche bei Naturverbindungen noch nicht gesehen hat.
Gez. Leopold Rudzicka

Hinter dem Fach-Chinesisch des Chemikers verbirgt sich eine sensationelle Entdeckung. Zum ersten Mal in der Geschichte der Parfumerie gelingt es, die Molekularstruktur eines Duftes zu entziffern, der aus den Geschlechtsdrüsen der Zibetkatze gewonnen wird. Dieser mikro-biologische Durchblick ist bis heute die Voraussetzung, den synthetischen Zwillingsbruder eines natürlichen Duftstoffes herstellen zu können. 1939 erhält der slawisch-deutsche Wissenschaftler den Nobelpreis für seine Arbeit, der die moderne Parfumerie zahlreiche Innovationen verdankt. Heute werden Tausende von Produkten jährlich synthetisiert. Einige wenige schaffen es bis in die olfaktorische Endrunde und nur ein oder zwei Stoffe werden schließlich den hohen Anforderungen an sie gerecht. Denn die Nase, das unbestechliche und professionell geschulte Riechwerkzeug des Parfumeurs, kennt keine Kompromisse. Alles muß stimmen: Harmonie, Ausstrahlung, Hautverträglichkeit, Haftfähigkeit, Wertanmut (sprich Kostbarkeit), dazu noch die eine oder andere Ecke und Kante zum „Festsaugen" – ein Retortenduft hat immer eine schwere Geburt. Dabei geht es nicht mehr nur darum, möglichst naturidentische Aromen zu schaffen – ein kreativer Riechstoff-Komponist hat auch den Ehrgeiz, ganz andere, überraschende Akkorde zu finden. Die bunten Kunstdüfte – manche riechen wie das Meer, andere wie Gewitter, die Wüste oder Kaminfeuer – bereichern inzwischen die Palette der ungefähr 500 aus der Natur zu gewinnenden Öle, Harze, Wurzelextrakte und Drüsensekrete um mehr als fünftausend Duftfarben. Eindeutige Signale – wer erinnert sich nicht an seine Großmutter in der Maiglöckchenwolke – sind kaum mehr gefragt.

In den letzten Jahren ist das weltweite Interesse an Düften enorm gewachsen. Das Stiefkind unter den fünf Sinnen feiert ein glänzendes Comeback. Alles riecht: Waschmittel, Weichspüler, Toilettensteine, Lufterfrischer, Rauchverzehrer, und so weiter und so fort. In Zukunft wird auch das traditionelle Luxusgut Parfum den Prestigemarkt sprengen, denn qualitativ hochwertige Massenartikel wie Shampoos, Deodorants, Badeöle oder Rasierwasser sind ernstzunehmende Partner geworden. „Impuls", „Axe", „Limara" oder das klassische „Tabac" sind dabei nur einige Namen, die für den massiven Erfolg vieler sprechen.

Millionen werden in die Forschung nach originellen Duft-Illusionen investiert: Die Erde ist zu eng und experimentierfreudig geworden, um den ständig steigenden Bedarf an Wohlgerüchen aus eigener Kraft decken zu können. Es müßten beispielsweise

Rosenfelder von unvorstellbaren Dimensionen angelegt werden, um einen einzigen Liter der duftenden Essenz zu erhalten. Und wenn man bedenkt, daß ein Kilo Rosenöl 20-30 000 Mark kostet, die künstlich hergestellte Kopie aber nur einen Bruchteil davon, wird klar, daß die teure Suche sich lohnt. Die astronomischen Preise für natürliche Rohstoffe resultieren nicht nur daraus, daß noch im Zeitalter der Raumfahrt die meisten Blüten von Hand vor Morgengrauen gepflückt werden müssen, da sie sonst ihren Geruch verändern. Was Forscher nach immer neuen synthetischen Duftvarianten suchen läßt, sind auch die vielen Risiken, die mit der Gewinnung der Originale verbunden sind. Erfrorene Ernten, witterungsbedingte Qualitätsschwankungen, politisches Kalkül und die dramatische Verknappung der Anbauflächen machen es schwieriger denn je, den boomenden Duftmarkt in all seinen Facetten zu befriedigen. Glücklicherweise eröffnen die immer raffinierter werdenden technischen Möglichkeiten ein neues Territorium für reizvolle Duftexperimente. So werden Riechstoffe hergestellt, die nicht in der Natur vorkommen. Chemischen Verbindungen kann man beispielsweise Gerüche abgewinnen, die manchmal stärker und „typischer“ sind als ihr Vorbild, ihm manchmal aber auch überhaupt nicht gleichen.

Um Mutter Natur ihre Düfte abzutrotzen und ihre kunstvollen Kompositionen zu entschlüsseln, braucht man hochsensible Analyseverfahren. Die wichtigsten Hilfsmittel sind dabei das Massenspektrum und der Gaschromatograph, hochkarätige Geräte, die das Duftstoff-Gemisch, z. B. einer Blüte, in seine Bausteine bis weit in den Spurenbereich hinein zerlegen können. Ist man einmal in diese kaum mehr wahrnehmbare Duftdimension vorgedrungen, ist die Zusammensetzung identifizierbar und damit der „Nachbau“ möglich.

„Der Veilchen Duft, versteckt im Rasenkleid, erfüllt Gemüt und leere Seele mir mit der Erinnerung an jene Zeit, wo froh und frei von Schuld ich war“, dichtet der englische Poet Tennyson. Was ist passiert? Seine Riechzellen haben die Moleküle des alpha-Iron $C_{14}H_{22}O$ aufgenommen, den typischen Veilchen-Duft.

Daß der exklusive Parfum-Markt auch in Zukunft nicht gänzlich auf die duftenden Schätze der Natur verzichten will, ist tröstlich. In einem der erfolgreichsten modernen Düfte, „Poison“, schlägt immer noch das Herz der echten Rose, ganz zu schweigen von all den Klassikern und teuren Newcomern, denen „anzuriechen“ ist, aus welch kostbarem Material sie geschnitzt sind. Und wo noble Düfte komponiert werden, die den Geist und das Lebensgefühl ihrer Zeit einfangen, lagern immer noch jene großen Fässer, deren essentieller Inhalt die synthetischen Verwandten auffängt und belebt.

PARFUM VOM TYP „EAU FRAÎCHE“	*ANTEILE:*
BERGAMOTTÖL italienisch	*240*
CEDROXYD (FIRMENICH)	*50*
CITRONENÖL MESSINA	*240*
COUMARIN	*20*
EXALTEX (FIRMENICH)	*20*
GERANIUMÖL BOURBON	*10*
HEDION (FIRMENICH)	*50*
JASMIN ABS	*10*
LAVENDELÖL französisch	*50*
MANDARINENÖL italienisch	*140*
MAYOL (FIRMENICH)	*20*
EICHENMOOS ABS 50%	*20*
PETITGRAINÖL, PARAGUAY	*20*
VETYVERÖL, JAVA	*10*
CYCLOMETHYLENE CITRONELLOL (FIRMENICH)	*100*
	1000

So kann die Formel für ein einfaches, frisches Parfum aussehen, das auf natürlichen Aromastoffen basiert. Das Patent für die synthetischen Ingredienzen liegt stets bei der Firma, die sie „erfunden“ hat.

Die Komposition eines Duftes

Wer einen neuen Duft in Auftrag geben will, muß zunächst überlegen, zu wem die geplante Komposition passen soll. Werbespezialisten haben die Parfumverbraucher deshalb in einzelne Zielgruppen zerlegt, und jeder mag sich aussuchen, wer ihm wohl am ähnlichsten sei. Da gibt es: die sensuelle, provozierende Frau; die Aussteigerin; die Romantikerin; die Traditionalistin; die Trendsetterin; die introvertierte Mystikerin; die Karrieristin. Für die Herren der Schöpfung gilt das gleiche, zuzüglich der Spezifizierung „Macho“, einer bekanntlich urmännlichen Domäne. Ob der Trendsetter tatsächlich nach Mut, Unabhängigkeit und Gesundheit riecht oder die Mystikerin Harmonie, Frieden und Zeitlosigkeit ausstrahlt, ist natürlich nicht *nur* eine Frage des puren Duftelixiers. Werbebotschaften, Verpackung, Farbe und Parfumname katapultieren die Duftkomposition letztlich auf die Ebene, auf der sie positioniert werden soll. Allerdings ist die Flop-Rate bei den unentwegten Neueinführungen hoch – da kann der Verbraucher noch so gründlich analysiert und der Werbeaufwand noch so gewaltig sein.

Dem Parfumeur wird also zunächst ein möglichst genaues Briefing vorgelegt. Alter, Kaufkraft und Geschlecht des ausgekundschafteten Verwenders sind dabei wichtige Vorgaben, an die er sich anlehnen wird. Innerhalb dieses Rahmens nimmt seine Inspiration Gestalt an. Wer aber glaubt, die Komposition des flüchtig-sinnlichen Verführers sei reine Gefühlssache, irrt. Die Idee zu einer Duftkreation entsteht im Kopf. Und hier liegt die eigentliche Begabung des Parfumeurs: Er muß die Fähigkeit haben, sich ganze Duftkomplexe ins Gedächtnis rufen zu können und sie im Geiste neu ordnen und verändern, bis sie sich zu den Akkorden zusammenballen, die ihm vorschweben.

Keine leichte Aufgabe. Die „Nase” muß aus über 2000 Stoffen die richtigen auswählen, sie sorgfältig aufeinander abstimmen und sie zu einem Wohlklang steigern, der originell und zeitgemäß ist. Düfte, die zu avantgardistisch und exaltiert sind, haben nämlich ebensowenig eine Chance, wie langweilige Kopien von gestern. In Deutschland sind beispielsweise im Moment Mischungen aus blumigen und orientalischen Düften mit einer intensiven Ausstrahlung gefragt. Der Grund dafür liegt nach Joachim Mensing, dem Leiter des Instituts für angewandte Ästhetik in Freiburg, in der Tatsache, daß die Käufer nach einer familienorientierten, introvertierten „Emotionalitätsphase“ wieder stärker aus sich herausgehen wollen und mehr Aktivität entfalten.

Das Duftgedächtnis des Parfumeurs kennt Hunderte von Duftbausteinen auswendig – der Laie kann allenfalls ein Dutzend voneinander unterscheiden. Und wie ein Schüler seine Vokabeln paukt, so muß auch die Nase täglich trainiert werden.

„Mystifikation der Materie" nennt Jean Cocteau die Kunst der Parfumerie.
Ein Duft entsteht aus hunderten von Einzelkomponenten.

Bei der Komposition eines Parfums kommt es auf die harmonische Abstimmung kleinster Mengeneinheiten an.

Die „Duftorgel" ist ein wichtiges Instrument des Duftkomponisten.
Diese beispielsweise steht bei Firmenich, einem der größten Duftproduzenten der Welt.

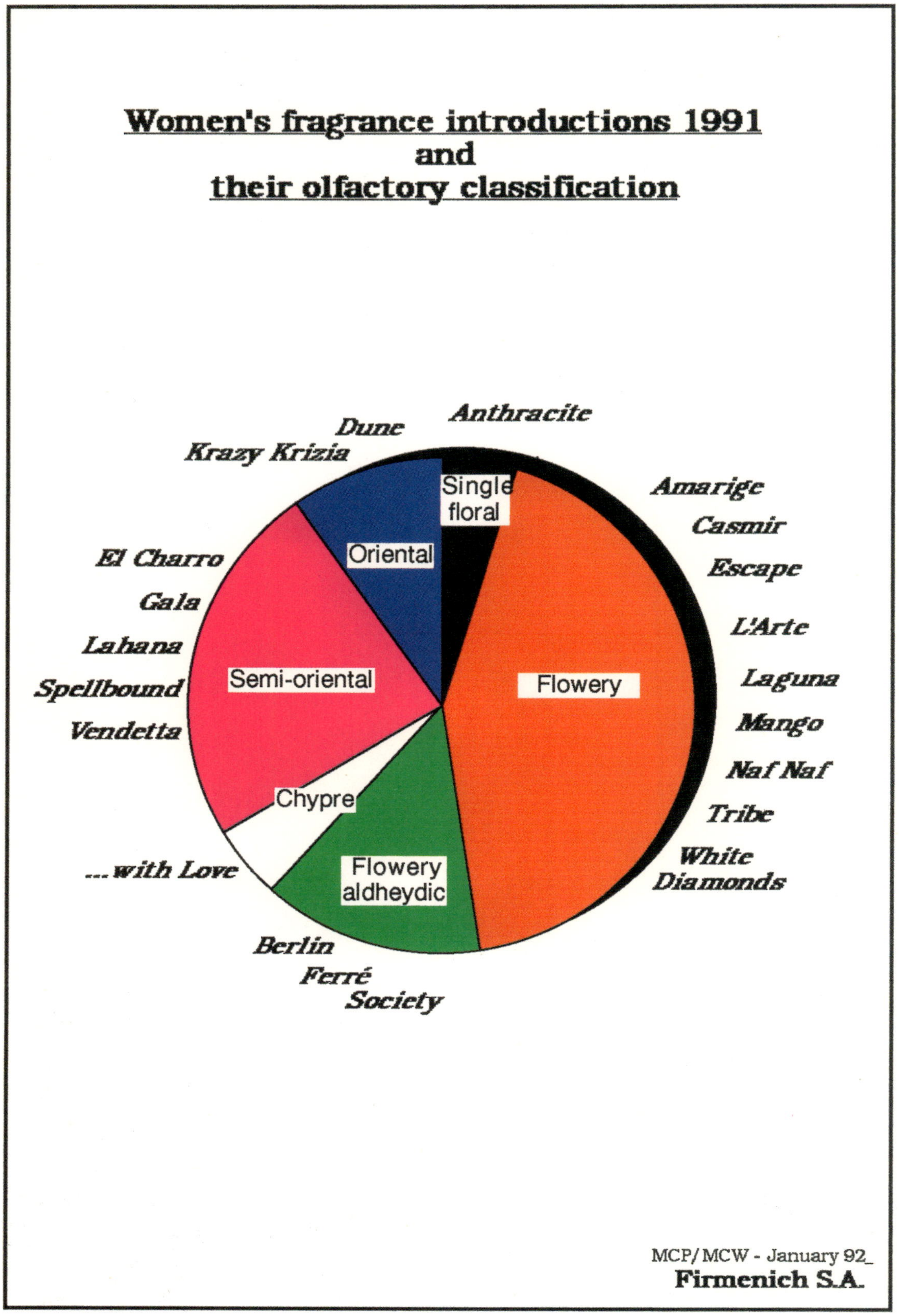

Auch Düfte gehören verschiedenen Familien an. Hier die Neueinführungen des Jahres 1991, aus denen man gut ablesen kann, welche Dufttrends besonders gefragt sind.

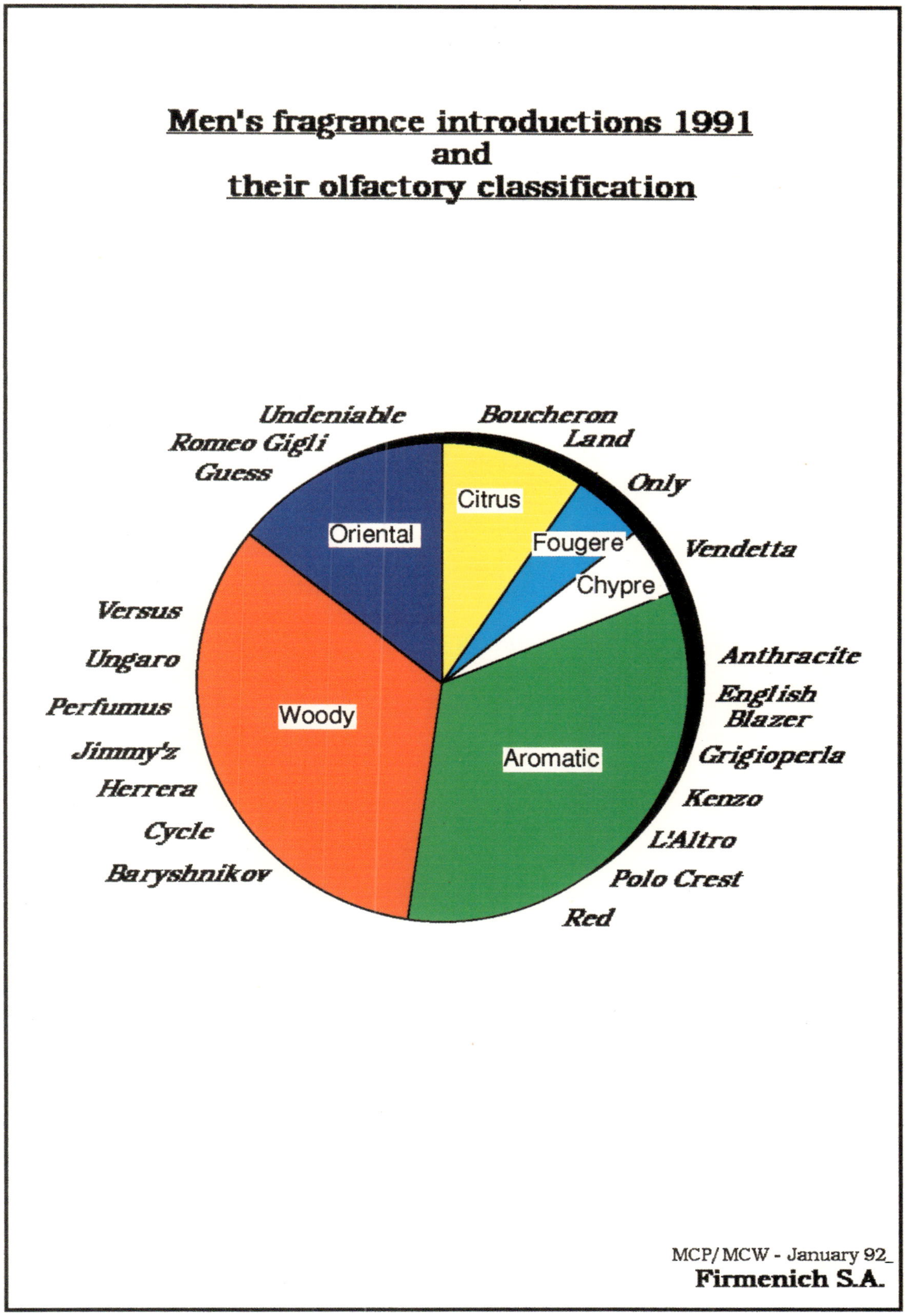

Während vor ca. 50 Jahren Chypre- und orientalische Düfte im Vordergrund standen, zeigt sich 1991 eine Vorliebe zu holzigen und aromatischen Männerdüften.

Hochspezialisierten Fachleuten, den sogenannten „Nasen“, stehen Tausende von ätherischen Ölen zur Verfügung, aus denen mit Gespür für aktuelle Trends ein Duft kreiert werden muß, der auch international für unterschiedliche Geschmacksrichtungen akzeptabel ist.

Der Arbeitstag des Parfumeurs beginnt mit dem „Anriechen“ der wichtigsten Substanzen. Dieser Vorgang bringt die Nase sozusagen in die richtige Kondition für ihre Marathonaufgaben. Sie muß immer wieder kontrollieren, verwerfen, zusammenfassen und eingrenzen, was ihr vorgesetzt wird.

Die Auswahl und Gewichtung der Ingredienzen bzw. der Duftverbindungen, die sie untereinander pflegen, machen ein Parfum zu dem, was es ist. Es können ganz wenige oder auch sehr viele Stoffe involviert sein, der Kreativität des Parfumeurs sind keine Grenzen gesetzt. So wie ein Koch das Rezept mit einem kleinen Zweiglein Rosmarin verfeinert, so ist vielleicht der letzte Tropfen Citrusöl die Krone einer Parfumschöpfung. Vorsicht ist allerdings bei Düften geboten, die zu überladen und damit auf die Dauer unerträglich sind.

Die Lebensdauer eines jungen Parfums hat sich – sicherlich ist die aggressive Atonalität vieler moderner Kompositionen dafür mitverantwortlich – drastisch verkürzt. Manche Kreationen halten sich heute nicht länger als zwei bis drei Jahre auf dem Markt. Kein Wunder bei der Vielfalt von immerhin 750 exklusiven Damen- und Herrendüften, die oft nicht halten, was sie versprechen. Experten glauben denn auch, daß klassische und einfache Düfte eine Renaissance erleben werden.

Weltweit gibt es viele kleine und einige große Zulieferanten von Düften. Die renommiertesten unter ihnen sind Roure-Givaudan, IFF und Firmenich – Namen, die keiner nennt. Und doch entstehen hier all die Mythen, die uns als „Anaïs“, „L'Air du temps“ oder „Boucheron“ das Leben versüßen. Hauseigene Parfumeure leisten sich nur noch die wenigsten Parfumanbieter – der Markt ist zu unübersichtlich und kurzlebig geworden.

Eine Kosmetikfirma beauftragt meist drei bis vier Parfumeure aus konkurrierenden Firmen mit der Gestaltung eines neuen Duftes. Welcher gewinnen wird, entscheidet sich im sogenannten Akzeptanztest, wo die Favoriten durch eine ausgewählte Gruppe von Verbrauchern bewertet werden. Bis der Gewinner endlich feststeht, Verpackung, Form und Name gefunden sind, vergehen oft zwei bis drei Jahre. Jean Paul Guerlain spricht gar von sieben Jahren und etwa 300 Versuchen, bis er es wagt, der Öffentlichkeit etwas Neues anzubieten.

Nichts ist quälender als eine Wolke „billigen“ Parfums. Wenn die verschiedenen Komponenten einander bekämpfen oder sich gegenseitig hemmen, streikt die Nase. Die hohe Kunst der Komposition ist es, die einzelnen Akkorde so aufeinander abzustimmen, daß der Duft nicht in seine Einzelteile auseinanderfällt. Ein Parfum entwickelt sich deshalb in drei Tempi: dem flüchtigen und leichtfüßigen ersten Eindruck folgt der Mittelteil, das „Herz“ des Duftes.

Der sogenannte „Fond“ hat schließlich die Aufgabe, alle anderen leichtflüchtigeren Bestandteile festzuhalten.

Die Kopfnote bestimmen meist Stoffe mit kleinen Molekülen, wie z.B. Citrus, Bergamotte und fruchtige Ingredienzen. Das Herz wird von Blumen oder Gewürzen regiert, und im Fond duften fixierende Substanzen wie Moschus, Moose oder Holz. Was den Charakter eines Duftes prägt, ob er kopfbetont ist, blumig herzlich oder warm und schwer, hängt von der Gewichtung der einzelnen Teile ab. Natürlich bestehen zwischen ihnen fließende Übergänge und Wechselwirkungen, die Harmonie, Ausstrahlungskraft und Erotik eines Parfums ausmachen.

Warum eine Duftkomposition etwas in uns zum Schwingen bringt, ist objektiv nicht zu erklären. Und wer etwas so Diffiziles wie einen Duft schöpfen will, muß Techniker und Fachmann, Künstler und Magier in einer Person sein.

DER GÖTTLI

Die erste Szene spielt vor 5000 Jahren in Mesopotamien. Hier, im fruchtbaren Tal zwischen Euphrat und Tigris, leben die Sumerer und sie sind ihrer Zeit weit voraus. Das seßhafte Volk von Ackerbauern, Schmieden, Ärzten und Tischlern gründet Stadtkulturen, so prächtig und wohlorganisiert, wie sie die Welt noch nicht gesehen hat. Mächtige Bergtempel thronen über der Kulisse, Paläste, Straßen und Handwerksbetriebe bestimmen das Bild. Die Sumerer wissen bereits, wie man Bier herstellt und aus Korn Mehl gewinnt oder mit Flachs und Spindel umgeht, während die zeitgenössischen Nomadenvölker noch durch die Steppe wandern.

Im alttestamentarischen Paradies Mesopotamien herrscht köstlicher Wohlgeruch. Riesige Gärten dehnen sich um die Städte aus, weitgereiste Karavanen treffen in ihren Zentren zusammen und erfüllen die Luft mit dem Duft von Gewürzen, Hölzern, Weihrauch und Myrrhe. „Ölkenner" behandeln mit wohlriechenden Salben alle möglichen Krankheiten, die durch Dämonen, schlechte Gestirne oder träges Blut verursacht werden können. Die ersten „Parfums" – das Wort stammt vom lateinischen „per fumum" und bedeutet „durch Rauch" - werden zu dieser Zeit angezündet und sie brennen allein für Götter und Verstorbene. Nur Priestern ist die Zubereitung der geheimnisvollen Opfergaben gestattet, die Wesen aus dem Schattenreich magisch anziehen: Sie steigen durch die wehenden Schwaden zur Erde hinab und halten so Kontakt zu ihren Kindern.

Das teuerste auf dem Rauchmarkt sind zu Zeiten des sagenhaften Herrschers Gilgamesch Zedern aus dem Libanon. Sie müssen aus den „Luxuswäldern von Marduk" importiert und mühsam in die hochkultivierten Stadtstaaten des Zweistromlandes transportiert werden. Libanons Zedern unterscheiden sich nämlich von allen anderen Zedern: sie duften. Tatsächlich kommt das Wort „Libanon" von „lubbunu", „süßer Geruch".

…CHE RAUCH

Duft für Menschen und Götter

Das Interesse für duftendes Räucherwerk erwacht fast zur gleichen Zeit in Ägypten. Der fromme Wunsch, nur himmlische Wesen damit zu beglücken, löst sich allerdings bald in Luft auf. Auch die Lebendigen finden immer mehr Gefallen an Wohlgerüchen aller Art. Die Priester am Nil wittern das profane Geschäft und beginnen, parfümierte Salben und Öle herzustellen und an finanzkräftige Gläubige zu verkaufen. Sie haben reichlich zu tun. Aromapillen zur Parfümierung des Atems sind im Pharaonenreich ebenso beliebt wie Salbenkegel, die bei Abendeinladungen auf die nachtschwarzen Perücken gesetzt werden. Die mit Myrrhe aromatisierten Überbauten schmelzen im Verlauf des Festes, rinnen über Perücke und Kopfhaut und bilden so eine Art Duft- und Öl-Depot.

„Ohne Wohlgeruch ist kein Tag glücklich" lautet eine altägyptische Volksweisheit aus dem 2. Jahrtausend vor Christus. Kein Wunder, daß der große Bedarf an duftenden Rohstoffen mit der einheimischen Produktion allein nicht gedeckt werden kann. Aufwendige Expeditionen werden unternommen, und eines ihrer wichtigsten Ziele ist das am Roten Meer gelegene Land Punt. Von dort kommen neben der dekorativ-pflegenden Augenschminke vor allem Weihrauch und Myrrhe nach Ägypten.

Die wohl bekannteste Handelsreise findet zur Regierungszeit der Königin Hatschepsut statt (ca. 1550 v. Chr.), die diesen Zug in ihrem Totentempel in Deir el-Bahari in der Nähe von Theben darstellen läßt. Die mächtige Herrscherin mit der Löwenmähne läßt Weihrauch- und Myrrhebäume samt Wurzelballen nach Ägypten verschiffen – der Versuch, die heiß begehrten Pflanzen heimisch zu machen, scheitert am ägyptischen Klima. So sind Pharao, Götter und Sterbliche weiterhin auf den Handel mit Punt oder anderen weihrauchliefernden Ländern angewiesen.

Erst später kommt Weihrauch aus Südarabien auf den Markt, der über die berühmte „Weihrauchstraße" nach Norden gebracht wird. Auf diese Weise wird der Nachschub an Duft- und Räucherstoffen leichter und billiger und die Produktion der verschiedensten Salb- und Duftöle für den privaten, offiziellen oder kultischen Bereich sichergestellt.

Die Bewahrung eines unvergänglichen, vollkommen erhaltenen Körpers ist nach ägyptischer Einschätzung eine wesentliche Voraussetzung für die würdige Existenz nach dem Tod, dieser Fortsetzung des Diesseits unter paradiesischen Bedingungen. Um die Schönheit des Verstorbenen für das Jenseits dauerhaft zu konservieren, werden raffinierte Mumifizierungsmethoden entwickelt.

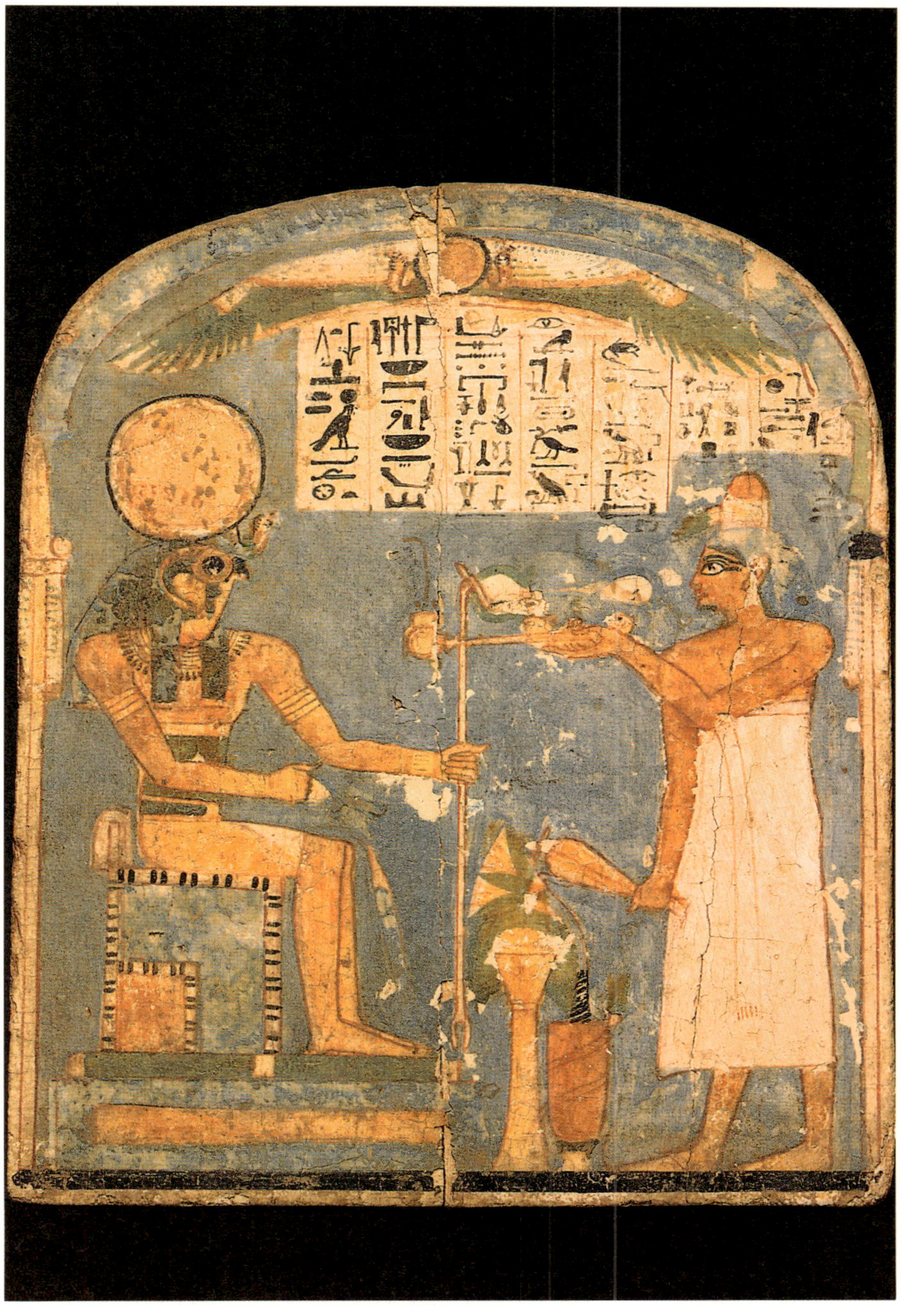

Die hölzerne Stele des Padichonsu, die im thebanischen Bereich um 700 v. Chr. entstand, stellt ein aromatisches Rauchopfer dar, das König Padichonsu der falkenköpfigen Gottheit Re-Harachte darbringt.

Der Leichnam wird nach der Reinigung mit Natron und der Entfernung der Eingeweide gesalbt und mit stark duftenden Harzen und Ölen eingerieben. Um der Schrumpfung des Körpers entgegenzuwirken, wird er in einigen Fällen regelrecht ausgestopft – auch hier wohl mit dem Ziel, ein möglichst lebensnahes Bild des Verstorbenen zu erhalten. Es dauert ca. 30 Tage, bis der Verstorbene fertig einbalsamiert und ewig haltbar verpackt ist. Vor allem die Königinnen tragen Vorsorge für ein standesgemäßes Leben nach dem Tod.

Eine Herrscherin namens Mentuhotep nimmt ihren gesamten Kosmetikkoffer mit ins Grab, Nefertari, die Hauptfrau Ramses II., geht in vollem Ornat, geschminkt und mit kostbarem Schmuck behängt, auf die ewige Reise. Das bekannteste Beispiel für die legendäre Schönheit der Ägypterinnen ist jedoch Königin Nofretete, das zeitlos ferne Idealbild einer Frau.

Heute ist Ägypten einer der wichtigsten Lieferanten für ätherische Öle auf dem Parfum-Weltmarkt. Und tatsächlich kann man sich keine schönere Heimat für duftende Essenzen vorstellen als das fruchtbare Land am blauen Nil.

ISRAEL UND DIE PARFUMS DER BIBEL

Die Sagen der Antike, der Talmud, die Bibel, die Heiligenlegenden und heidnischen Märchen, sie alle erzählen von verzaubernden Düften. Eine der schönsten Hymnen an die Liebe findet sich im Hohelied des Salomon, der in klangvollen Duftmetaphern die Vorzüge der Geliebten rühmt:
„Wer ist die, die heraufgeht aus der Wüste wie ein gerader Rauch, wie ein Geräuch von Myrrhe, Weihrauch und allerlei Gewürzstaub des Krämers? Wie schön ist deine Liebe, meine Schwester, liebe Braut! Deine Liebe ist lieblicher denn Wein, und der Geruch deiner Salben übertrifft alle Würze. Deine Lippen, meine Braut, sind wie triefender Honigseim;Honig und Milch sind unter deiner Zunge, und deiner Kleider Geruch ist wie der Geruch Libanons. Stehe auf, Nordwind, und komm, Südwind, und wehe durch meinen Garten, daß deine Würzen triefen."
Die Vermutung, König Salomon (ca. 970-930 v. Chr.) habe sich durch eine südafrikanische Königin zum Lied der Lieder inspirieren lassen, ist mehr als gewagt. Wahr ist aber, daß der duftverliebte Regent sich einen Tempel aus Libanonzedern bauen läßt, die über den Seeweg bis Jaffa und von dort hinauf nach Jerusalem geschafft werden. Der babylonische König Nebukadnezar zerstört später (um 590 v. Chr.) das köstliche Duftdenkmal und führt große Teile des israelitischen Volkes in die Gefangenschaft. Um 535 v. Chr. wird mit persischer Hilfe ein neuer Tempel gebaut, es ist der Tempel, in dem der Messias, der „Gesalbte", lehren wird. Zu Zeiten Christi brennen dort Weihrauch und Myrrhe, Galbanum und „Onycha". Die letzteren verbreiten einen weichen, warmen, muskatigen Geruch, der beruhigend und balsamisch auf die Atemwege wirkt.
Lange bevor Maria Magdalena Christus die Füße mit kostbarem Öl salbte und seine Jünger sich über die gottlose Verschwendung aufregten, waren die Juden eifrige Parfumbenutzer. Im alten Testament finden wir den ersten Hinweis darauf, wie Parfum als Waffe eingesetzt wird: „Judith zog ihre Witwenkleider aus, wusch sich und salbte sich mit köstlichem Wasser, flocht ihr Haar und legte ihre schönsten Kleider an."
So geht Judith zu Holofernes, dem grausamen Feldhauptmann Nebukadnezars, der ihren Mann auf dem Gewissen und ihr Volk in seiner Macht hat. Holofernes, durch ihren Duft und ihre überirdische Schönheit verzaubert, vergißt alle Vorsichtsmaßnahmen, betrinkt sich sinnlos und läßt sich von ihr umbringen.

Das rundgeformte Terracotta-Gefäß stammt aus Apulien, 370-350 v. Chr.
Es zeigt eine Dame im langen Kleid bei der Morgentoilette.

Die Antike

Ab dem 6. Jahrhundert v. Chr. beginnen die Griechen, brennende Duftwolken statt stinkender Dämpfe verkohlender Tiere gen Himmel zu schicken. Zwar hatten die Kreter schon viel früher eine elegante Duftkultur. Berühmt waren ihre Athleten, die, eingerieben mit ätherischen Ölen, über die Hörner des heiligen Stieres springen konnten. Die Elysischen Gefilde betrat man durch Tore aus Zimt und ergötzte sich dort an 500 Duftbrunnen, in denen Ströme von Parfum flossen. Die duftliebenden Inselbewohner ordneten ihren Göttern gar als wichtigstes Erkennungszeichen jeweils einen „himmlischen" Duft zu. Die Lieblingsblume in dieser vor-griechischen Kultur war die Lilie. Eine Inschrift aus demJahr 2000 v. Chr. liest sich so: „Die Lilie hier eingraviert ist das duftende Symbol von Seka, der im Leben nur Wohlgerüche verströmte".
Die Besetzung durch wilde Piraten machte dem köstlichen Überfluß schließlich ein vorläufiges Ende.
Im 7. Jahrhundert v. Chr. erreicht das Duftgewerbe endlich das griechische Festland. Eingeschlossen in phantasievoll dekorierte Behälter werden kostbarste Düfte unters Volk gebracht. Sie bestehen aus Oliven-, Mandel- oder Sesamöl, das nach Rosen, Anis, Majoran oder Iriswurzel duftet. Die Parfums erfreuen sich größter Beliebtheit – bei Männern wie bei Frauen. Daran ändert auch der Gesetzgeber Solon nichts, der 600 v. Chr. die Parfumherstellung verbieten läßt, weil ihn die duftende Selbstdarstellung seiner Landsleute zu sehr an den exotisch-luxuriösen Lebensstil des persischen Erbfeindes erinnert.
Alexander der Große packt das „Übel" bekanntlich an der Wurzel. Zwischen 336 und 323 v. Chr. unterwirft er Persien und Ägypten und thront, gleich einem orientalischen Despoten, über seinem Weltreich. Der Eroberer ist ein passionierter Duftliebhaber. Zu seiner Zeit werden die ersten botanischen Gärten gepflanzt und Alexanders Klassenkamerad Theophrastus schreibt sein revolutionäres Werk „Über Gerüche". Athen wird während der „Orientalisierung" des griechischen Lebens zum Duftzentrum der antiken Welt. In der Hauptstadt lebt auch der Parfumeur Megalos, der sich mit Eigenkreationen einen Namen macht. Sein „Megaleion" besteht aus Cassia, Harzen und Myrrhe auf einer Basis von ägyptischem Fruchtöl, das „einen alten Mann in einen Jungen verwandeln kann" und „Falten zum Verschwinden bringt". Weitere Einsatzmöglichkeiten des teuren Parfums sind: entzündete Wunden, Melancholie und Geburtsschmerz. Selbst der sonst so asketisch in einem Faß lebende griechische Philosoph Diogenes soll duftende Öle für die Füße gekauft haben. Seine Begründung für die Anwendung klingt einleuchtend: „Salbst du deinen Kopf mit

In der kleinen Alabasteramphore aus dem östlichen Mittelmeerraum des 3. - 2. Jahrhunderts v. Chr. wurden Salböle aufbewahrt.

Parfum, entflieht es in der Luft, und nur die Vögel haben einen Nutzen davon. Wenn ich es dagegen auf meine unteren Gliedmaßen reibe, hüllt es meinen ganzen Körper ein und steigt wohltuend zu meiner Nase auf".

Cleopatra (69-30 v.Chr.) ist die letzte und schönste Perle in der Kette von Dynastien, die Alexander im Nahen Osten aufgefädelt hat. Allerdings rückt die orientalische Präsenz immer mehr ins Abseits, und Rom übernimmt die Regie der Weltpolitik. Den Trend aufhalten kann nur, wer sich etwas einfallen läßt. Cleopatra besinnt sich auf die Waffen einer Frau. Die ägyptische Schöne inszeniert ein machtpolitisches Schäferstündchen mit ihrem römischen Auserwählten Antonius, und sie tut dies nach allen Regeln der Kunst: Die Purpursegel ihrer königlichen Barke läßt sie mit Rosenwasser tränken, Räucherkerzen umrunden ihren Thron, und ihr Ebenholzkörper ist mit feinsten Düften parfümiert. Zwar gelingt Cleopatra die Total-Narkotisierung ihres ohnmächtig verliebten Günstlings. Der Plan, mit seiner Hilfe die Karten neu mischen zu können, endet dennoch tragisch. Rom erklärt dem legendären Liebespaar den Krieg, Antonius verliert die entscheidende Seeschlacht gegen seinen Schwager Octavian und läßt sich gemeinsam mit seiner Geliebten durch einen Schlangenbiß umbringen.

Die ältesten Duftbehältnisse stammen aus dem östlichen Mittelmeerraum, der Wiege unserer Zivilisation. Dieses Beispiel ist aus Sandkernglas und wurde drei- bis zweihundert Jahre vor unserer Zeitrechnung gestaltet.

Duft im alten Rom

Kleeblattkanne in Form eines Frauenkopfes aus hellbraunem Ton mit schwarzem Firnis aus dem 5. Jhd. v. Chr.

Der Widderkopf stammt aus dem etrusko-korinthischen Raum, 600 v. Chr.
In ihm bewahrte man balsamische Stoffe auf.

Waren die Hellenen zu Zeiten Alexander des Großen schon ausgesprochene Parfumgenießer, die Römer übertreffen sie noch bei weitem: Sie baden buchstäblich darin. Von Diskretion und Duft-Raffinement ist keine Rede mehr. Auf einem Fest des duftbesessenen Nero erstickt ein Gast in einem Regen aus Rosenwasser. Seine Geliebte kaut Tag und Nacht Myrrhe-Kügelchen zur Erfrischung des Atems und „cosmetae" genannte Sklaven produzieren Duftstoffe für Matronen, die sich ihre Haare mit Taubenkot blond zu färben pflegen. Parfumeure, „aromatarii" verkaufen ihre blumigen Kompositionen in den berühmten römischen Bädern, wo jeder, der etwas auf sich und seine weiche Haut hält, sein zweites Zuhause hat.

Die Duft-Favoritin der Römer ist die Rose. Die Königin der Blumen, nach arabischer Legende aus einem Schweißtropfen Mohammeds entstanden, ist omnipräsent: Rosenblätter liegen wie Duftteppiche auf den Straßen, Villen werden mit ihren Blüten dekoriert, ihre Knospen wachsen aus Frisuren und Decolletés. Zu Neros Zeiten sprengt die Lust auf Duft alle nur denkbaren Grenzen. Betten, Lieblingssklave und Leibroß, Ziegel und Festzelte – alles und jedes wird verschwenderisch parfümiert.

Mit der Zerstörung Roms durch Vandalen und Langobarden, Goten und Hunnen gerät die römische Duft-Dekadenz mit ihren kunstvollen Glas-Flakons und eleganten Badestuben bald in Vergessenheit. Die frühen Christen der westlichen Welt scheuen, wegen der heidnischen Anklänge, sogar vor dem Gebrauch von Weihrauch zurück. Wer jetzt noch mit Gewürzen und Kräutern hantiert, tut dies zu rein medizinischen Zwecken.

Das reich geschmückte bronzene Kopfgefäß beinhaltete aromatische Öle und begleitete hochgestellte Frauen bis ins Grab. Aus Etrurien, Ende des 3. Jahrhunderts v. Chr.

Der Orient: Lebensfreude und Raffinesse

Im Gegensatz zu den prüden Predigten frühchristlicher Moralapostel sprechen die orientalischen Religionen ungeniert von allen Freuden des Lebens und wie sie möglichst noch zu steigern sind. Über den islamischen Religionsstifter Mohammed (um 600) wird berichtet, daß er Hunderte von Frauen liebte – und Parfum noch mehr als sie alle zusammen. In der islamischen Welt – sie reicht bereits ein Jahrhundert nach Mohammeds Tod von Marokko bis Persien – spielt Nehmen und Geben eine gleichwertige Rolle. Unter diesem höchst geeigneten „Handelsmotto" werden neue Freundschaften geschlossen, und die Kunst der Parfumherstellung kann sich ungehindert weiterentwickeln. Man erfindet raffiniertere Destillationsmethoden und befruchtet sich gegenseitig mit Ideen und Vorschlägen. Poetische Verse – die duftendsten Reime finden die persischen Dichter Hafis und Sa'adi – werden zum Volksgut und Meditationen in Rosengärten zum alltäglichen Ritual.

Den zu dieser Zeit auch in Glaubensfragen flexiblen Mohammedanern und ihren liberalen Handelsbeziehungen ist es zu verdanken, daß sich die Tore nach Indien öffnen. Keine andere Gegend der Welt ist so reich an duftenden Rohstoffen, und niemand profitiert mehr davon als die Länder hinter Indiens Grenzen. Die Inderin, anders als die Moslem-Frau, darf sich unverschleiert in ihrer ganzen duftenden Pracht zeigen; tatsächlich trägt sie selten mehr als einen dünnen Sari, Juwelen und Parfum. Im Kamasutra findet sich folgendes Beispiel für das lustvoll-reglementierte Lever eines hochkastigen Inders. „Er soll sich früh erheben", heißt es da, „seinen natürlichen Bedürfnissen nachkommen, sich die Zähne waschen, seinen Körper mit ein wenig duftendem Balsam einreiben, duftenden Rauch einatmen, sich mit Blumen schmücken, auf seine Lippen Wachs und roten Balsam auftragen, sich im Spiegel betrachten, Betel und Munddeodorant kauen und sich dann seiner Arbeit zuwenden".

Die friedliche Koexistenz zwischen Islam und Hinduismus, die der Welt ein goldenes Zeitalter feinster Duftkultur beschert, endet mit dem fanatischen moslemischen Herrscher Aurangzeb (1658-1707), der allen „Ungläubigen" den Krieg erklärt. Die Metzelei zwischen Hindus und Moslems ebnet schließlich das Terrain für die Übernahme des indischen Subkontinents durch englische Kolonialherren, die das Land bis zum Jahr 1947 regieren werden.

Destillationsapparat aus der Türkei,
der mit Blüten oder Kräutern gefüllt wurde.

Fernöstliche Duftkleider

Der weiche, aphrodisische Moschus-Duft spielt eine wichtige Rolle in der Geschichte des Parfums. Ursprünglich aus den Drüsen des männlichen Moschustieres gewonnen, wird es heute fast ausschließlich synthetisch hergestellt.

Wir reisen nach China, wo der Moschushirsch durch die Provinzen streift. Das arme Tier produziert in seinen Geschlechtsdrüsen sexuelle Lockdüfte, auf die nicht nur die Moschusdame kopflos reagiert. Gejagt wird das potente Wild vor allem von betörten Menschen, die sich von seinen duftenden Hormonen unwiderstehliche Anziehungskräfte versprechen. Die Chinesen beliefern die ganze Welt mit dem „Wundersaft", den eine medizinische Kapazität namens Pao-po-Tse gar als Allheilmittel für sämtliche physischen und psychischen Unpäßlichkeiten empfiehlt. Eine Moschuskugel unter dem großen Zeh getragen vertreibe Schlangen, meint er, und überhaupt heile der aufdringliche Geruch alle Krankheiten unter der Sonne. Daß das hübsche Tier nicht längst ausgestorben ist, verdankt es der alten Duftweisheit, daß „zuviel des Guten" auf die Dauer eher lust-feindlich ist. Moschus, der dauerhafteste und stärkste aller Duftstoffe wird heute nur noch in kaum mehr wahrnehmbarer Verdünnung eingesetzt, dann allerdings gibt er einer Duftkomposition oft das „gewisse Extra".

Chinas Parfumerie ist im Vergleich zu anderen frühen Kulturen relativ bescheiden. Neben dem vielgepriesenen Moschustier, Räucherstäbchen und ölgetränktem Flitterpapier gibt es wenig, was im alten China duftet. Ein bißchen Sandelholz vielleicht, eine Jasminblüte hier und dort, der Rest entzieht sich unserer Nase.

Japan, der ehrwürdige Kopist fremdländischer Erfindungen im allgemeinen und chinesischer Schrift und Kultur im besonderen, verhält sich, parfumtechnisch gesehen, rollenadäquat: Der östliche Nachbar Chinas paßt sich ohne weiteres seinem „Vorbild" an. Die Japanerin beschränkt sich auf eine pflegende Pomade aus Öl und Wachs und manchmal versteckt sie ein Parfumsäckchen in den Falten ihres Kimonos. Ansonsten hat eine Frau im Land der aufgehenden Sonne „sauber" zu riechen.

Mit wohlriechenden Substanzen gefüllte Duftkissen erfreuten sich vor allem in China größter Beliebtheit.
Als dekoratives und wohlriechendes Accessoire äußerst begehrt,
zeigen sich die kunstvoll bestickten Galanterien in mannigfaltigen Formen.

Wilde Romantik

Mitte des 19. Jahrhunderts bringen Forscher aus dem „dunklen Kontinent" exotische „Flakons" nach Europa.

„Selbst der in einem barbarischen Entwicklungsstadium befindliche Mensch hat sich zu jeder Zeit und in jedem Land darum bemüht, seine persönlichen Reize künstlich zu steigern; und wie mittelmäßig sein Erfolg auch immer in unseren Augen gewesen sein mag, es ist nur barmherzig, anzunehmen, daß er seinen Zweck für ihn erfüllte". So leitet Eugene Rimmel 1864 in seinem „Buch des Parfums" das Kapitel „Unzivilisierte Nationen" ein. Und er schreibt weiter: „Ein Botocudo-Dandy, der mit einer riesigen, in die Unterlippe eingesetzten hölzernen Scheibe herumstolziert, hat ohne Zweifel eine ebenso hohe Meinung von sich wie einer unserer Stutzer, wenn er richtig ausstaffiert aus den Händen seines Kammerdieners entlassen wird." Eugene Rimmel sagt es: Wo die Zivilisation anfängt und die Barbarei aufhört, ist reine Geschmacksache.

Auch noch so fern von Ägypten, Griechenland, Rom und den Wohlgerüchen Arabiens existiert

Der Stamm der Mirañas trägt schon seit Urzeiten duftende Rindenbastbüschel am Gürtel.

miert man mit duftenden Hölzern und Kräutern, und sein Geruch ist, wie der Afrikareisende Hutchinson berichtet, „eher ungewöhnlich als angenehm". Ein anderer Afrika-Entdecker, Dr. Livingstone, amüsiert sich über die ungewöhnlichen Dekorationspraktiken der Griquas: „Sie sind die größten Dandies", schreibt er in seinem Buch „Afrika", „sie schmieren sich mit Fett und rotem Ocker ein, während der Kopf mit einer blauen, aus Glimmererde hergestellten Pomade gesalbt wird. Die auf den Körper herunterfallenden glänzenden Glimmerteilchen gelten als hochdekorativ und die Farbmischung als sehr anziehend." Als ebenso „flott" wird eine nubische Dame angesehen, die sich regelmäßig den Dämpfen des Tulloch-Holzes hingibt. Mit der Zeit überkrustet ihre Haut mit einem wohlriechenden Schmelz, der zu köstlich für Worte ist. Nicht weniger gewagt und phantasievoll agieren die Indianer. Sie stellen ein exquisites Parfum her, „Umari" genannt. Zu seiner Gewinnung werden Baumwollstückchen unter Baumrinden geschoben, die ihre Duftessenz allmählich an das Tuch abgeben. Ein Häuptlingssohn namens Sa-in-tsarish dürfte jedoch bis heute der ungekrönte König der Eitelkeiten sein. Von ihm heißt es, daß er seine Toilette um acht Uhr morgens begann und sie erst zu später Stunde beendete. Ob dann noch eine Squaw an seinen sorgfältig bemalten und duftenden Lippen hing? Wir wagen es zu bezweifeln.

seit Urzeiten jener unsterbliche Wunsch, die Natur ein wenig zu „verbessern". Werfen wir einen Blick ins tiefste Afrika zur Zeit der Antike. Der Brauch des Einsalbens ist dort ebenso verbreitet wie im Land der feinsinnigen Hellenen. Um dem Schönheitsideal „ölig und glänzend" möglichst nahe zu kommen, mischt die Eingeborene diverse schlüpfrige Substanzen wie Kokosnußöl und Palmöl mit einer „Ce" genannten Butterart. Die Frucht eines westafrikanischen Baumes liefert die Grundsubstanz dafür, die im Mörser zerstampft und in Wasser gekocht wird. Das salbenartige Resultat parfü-

PARFUMKUNST

NACHTWANDLUNGEN

Bis die Kreuzritter im 11. Jahrhundert gen Osten aufbrechen, um die „Heiden" zu bekehren, dämmert Europa hinter geschlossenen Gardinen im duftlosen Raum vor sich hin. Zwar gelingt es den bigotten Aggressoren nicht, die Christenschar wesentlich zu vergrößern. Was sie auf ihren heiligen Feldzügen erbeuten, ist dennoch ein Geschenk des Himmels: die Zurückbesinnung auf all die vergessenen Künste und Wissenschaften, die in der arabischen Welt ohne Zäsur seit Jahrtausenden blühen und gedeihen. Im Bereich der Medizin und Chemie, des Handels und der Parfumerie sind die vermeintlich barbarischen Heiden dem Westen weit überlegen. Der hochkultivierte Orient lehrt den Kreuzritter, daß es für alle Beteiligten angenehmer ist, in wohlriechendem Wasser zu baden, als sich aus Angst vor Göttern, Dämonen und Erkältungen überhaupt nicht zu waschen.

Um 1200 gelingt es süditalienischen Pionieren, aus wieder und wieder destilliertem Wein ein 95prozentiges Alkoholkonzentrat zu gewinnen. Das „Wunderwasser", die „Quintessenz", die „Seele des Himmels" verdient die Ehre noch so hochtrabender Namen. Einsetzbar gegen Pest, Krankheit und Ansteckung, beginnt der „Weingeist" seinen Siegeszug als medizinisches Allheilmittel. Es dauert nicht lang, bis er auch als Vehikel für all die duftenden Öle in Fahrt kommt, die jetzt durch verfeinerte Destillationsmethoden extrahiert werden können. 1370 wird das erste europäische Parfum im modernen Sinn – eine Mischung aus ätherischen Ölen und Alkohol – hergestellt.

Die Legende, die sich um dieses erste Parfum rankt, wird wahrscheinlich auch das letzte Parfum zieren. Es heißt, daß die auf Rosmarin – und Lavendelöl basierende Kreation eines Einsiedlers der Königin Elisabeth von Ungarn mit der Zusicherung ewiger Schönheit verkauft wurde. Und tatsächlich kann sie im hohen Alter von 72 Jahren den König von Polen als jugendliche Braut zum Altar führen. Unter dem Namen „Ungarisches Wasser" erfreut sich die „himmlische Inspiration" des cleveren Eremiten jahrhundertelang größter Beliebtheit.

Das fünfzehnte Jahrhundert, jenes glänzende Cinquecento, auf das Italien zu Recht stolz ist, erlebt eine Parfum-Renaissance erster Güte. Venedig ist zu dieser Zeit durch seine Nähe zum Orient das Zentrum der feinen Sitten. Ein Chronist schreibt, daß in der Stadt „alles duftet, Handschuhe, Schuhe, Strümpfe, Hemden, ja sogar Münzen. Als ob das nicht genug sei, tragen die Leute parfümierte Pasten bei sich...". Jene duftenden Stoffe werden in „Pomandern", kleinen und kunstvoll verzierten Behältern aus Silber oder Metall, aufbewahrt. Die Silber- und Goldschmiede der Zeit stellen die hübschen, perforierten Gefäße in großer Vielfalt her. Neben der Apfelform gibt es Pomander in Form von Birnen, Tannenzapfen und Herzen – je wohlhabender die Besitzer, desto raffinierter sind die duftenden Schmuckstücke verziert. Man trägt sie am Gürtel, an Ketten oder Fingerringen oder einfach in der Hand, stets gewappnet gegen alle nur denkbaren profanen Gerüche, seien sie von Schweinen oder Menschen verursacht.

Zu allen Zeiten wurden Duftstoffe zur Befriedigung der Riechlust und vor dem Hintergrund religiösen Brauchtums verbrannt. Dieser Parfumbrenner aus dem 12. Jahrhundert ähnelt in seiner architektonischen Form einer Kapelle.

Das Wort Pomander ist von dem französischen „pomme d'ambre" abgeleitet.

Die Zusammensetzung der beliebten Duftkugeln wird in einem alten Medizinbuch so beschrieben: „Die einzig richtige Methode zur Herstellung eines guten Pomanders ist diese: Nimm eine Unze der feinsten Gartenerde, welche sieben Tage lang in frischem Rosenwasser gereinigt und eingeweicht worden ist; dann nimm Labdanum, Benzoin, beide Storaxarten, Ambra, Zibet und Moschus, von allem das beste, und forme daraus, was dir gefällt. Ist dein Atem nicht zu stark, wirst du dadurch so lieblich duften wie einer Dame Schoßhündchen."

Als Katharina von Medici nach Frankreich kommt, um 1533 den verweichlichten Monarchen Heinrich II. zu heiraten, bringt sie neben der „nouvelle cuisine" auch ihren florentinischen Parfumeur René mit in die französische Hauptstadt. René's Laden auf der Pont du Change wird bald zum Treffpunkt aller Schönen und Reichen der Epoche, die sich von ihm ihre individuellen Parfums komponieren lassen. Der Italiener ist jedoch nicht nur ein geschickter Parfumeur; er versteht sich auch auf die Erzeugung subtiler Gifte – vor allem Arsen wird von den Medicis hochgeschätzt –, und seine königliche Herrin greift des öfteren auf seine Talente zurück, um sich ihrer Feinde zu entledigen. Der italienische Lebensstil mit seiner raffinierten Botschafterin Katharina erobert Frankreich im Sturm. Zwischen 1553 und 1610 wehrt sich ein Regent namens Heinrich IV. zwar vehement gegen die neue Parfumkultur, doch seine Zeitgenossen rümpfen die Nase. Er stinke wie verwestes Fleisch, so ihr vernichtender Kommentar.

Beim Aufschrauben zerlegt sich der apfelförmige Behälter in acht Segmente, die auf den Schiebedeckeln die Bezeichnungen der enthaltenen Duftstoffe tragen.

Duftexzesse

Das 16. und 17. Jahrhundert kennt vor allem starke Gerüche. Sich zu waschen ist immer noch nicht besonders populär und gilt als ungesund, und die schnell explodierenden Städte ohne Komfort und Hygiene sind kein gutes Pflaster für zarte Duftnoten. Patrick Süskind, Autor des ersten Romans, der ausschließlich Gerüchen gewidmet ist, beschreibt die Großstadtatmosphäre um 1700 in seinem Bestseller „Parfum" so: „Es stanken die Straßen nach Mist, es stanken die Hinterhöfe nach Urin. Es stanken die Treppenhäuser nach fauligem Holz und Rattendreck, die Küchen nach verdorbenem Kohl und Hammelfett, die ungelüfteten Stuben stanken nach muffigem Staub, die Schlafzimmer nach fettigen Laken... Es stanken die Flüsse, es stanken die Plätze, es stanken die Kirchen, es stank unter den Brücken und in den Palästen". Mehr aus Selbstverteidigung denn aus Galanterie besprüht und bestäubt sich jeder, der es sich leisten kann, mit möglichst starken Duftnoten wie Moschus, Zibet oder Ambra, die gegen den unerträglichen Dreck anstinken können. Die schwülen Parfums werden verschwenderisch eingesetzt: Perücke, Spitzentaschentuch und Reifrock, Gebäck und Schnupftabak, Limonaden, Schokoladenpralinen, Kutschen, Tapeten und Nachtstühle - nichts entgeht der kaschierenden Überduftung.

Auch unter Ludwig XIV. ist es sehr viel wichtiger, gut gepudert als gut gewaschen durchs Leben zu gehen. Der pompöse Herrscher, auch bekannt als der „wohlriechendste Monarch der Welt" läßt sich von seinem Parfumeur M. Martial täglich einen neuen Duft kreieren.

Seine Majestät geruht sogar, wie in dem 1680 erschienenen Buch „Le Parfumeur Francoys" nachzulesen ist, „M. Martial in seiner Kammer beim Komponieren der Parfums für seine geweihte Person zuzusehen". Daß der duftverliebte Monarch gar anordnet, nach was sein Hofstaat täglich zu riechen hat und seine Mätresse Madame de Pompadour Unsummen für feine Parfums ausgeben darf, paßt ins sonnenkönigliche Bild.

„Alle Frauen ohne Unterschied des Alters, Standes, Berufs oder Ranges, ob Jungfrau, unverheiratet oder Witwe, welche von nun an sich einem Untertanen Seiner Majestät aufdrängt, ihn verführt und durch Parfums, Farben, Schönheitswässer, künstliche Zähne, Schminke, falsche Haare, Korsette, Reifröcke, hohe Absätze und/oder gepolsterte Hüften zur Ehe verleiten, werden nach den Gesetzen gegen Hexerei und ähnliche Vergehen bestraft und ihre Ehe nach ihrer Schulderklärung für null und nichtig erklärt."

Wie alle vergleichbaren Versuche, die öffentliche Moral zu verbessern, hat auch dieser englische Gesetzentwurf aus dem Jahr 1770 keinen Erfolg.

Während Grasse und andere Zentren der Parfumherstellung ständig wachsen, wird Europa von einer Epidemie nach der anderen überrollt. Den „Schwarzen Tod“ versucht man, mit Duftstoffen zu töten, die überall auf den Plätzen verbrannt werden. Auch wenn Menge und Konzentration der angezündeten Kräuter und Blumen bei weitem nicht ausreichen, um virulente Bakterien aufzuhalten, die Methode war, wie man heute weiß, im Prinzip richtig. Da ätherische Öle sowohl flüchtig als auch antiseptisch sind, eignen sie sich hervorragend dazu, durch die Luft übertragenen Infektionen vorzubeugen. Außerdem haben Tests gezeigt, daß sich beispielsweise Gelbfiebererreger durch die Öle von Lavendel, Patschuli, Sandelholz und Zeder leicht zerstören lassen. Sogar Tuberkulose- und Typhusbazillen ist mit den ätherischen Ölen der Zimtpflanze beizukommen. Die Reichen, mit ihren parfumierten Handschuhen, Toilettewassern, Duftkerzen, gepuderten Perücken und parfümierten Heiligenbildchen, ihrer Haarpomade und ihrem Rouge desinfizieren so, ohne es zu ahnen, sich selbst und ihre Umgebung nach den neuesten Erkenntnissen der Forschung. Es verwundert deshalb nicht, daß Krankheiten vor allem unter den Armen ihre Opfer finden. Ungewaschen und dazu noch unparfümiert haben sie kaum eine Chance, den überall grassierenden Seuchen zu entkommen.

Einen rauchenden „brûle parfum“ auf dem Kopf, bietet der Parfumeur in seinem Bauchladen allerlei Spezereien an, z.B. Essenzen aller Art, Pomaden, Duftwasser, parfümierte Puder und Seifen, atemverbessernde Pastillen, Räuchertabletten, Rouge und parfümiertes (spanisches) Leder. „Habit de Parfumeur“. Handkolorierter Kupferstich von Gerrit Valck, Paris 1697.

Das Rokoko und seine zärtlichen

Duftspielereien

Das Symbol des Fisches findet man in allen Zeitaltern und Kulturkreisen. „Duftfisch" aus Silber. 18. Jahrhundert. Deutschland.

Auf den Pomp und das höfisch-gespreizte Protokoll Ludwig XIV. folgt das Rokoko mit seiner heiteren Verliebtheit in die kleinen Freuden des Lebens. Die Zimmer werden kleiner, heller und gemütlicher, die monumentale Pracht steif möblierter Säle weicht der intimen Unordnung graziöser Boudoirs. Kokette zwischenmenschliche Versteckspielereien, von geheimnisvollen Schönen hinter duftenden Vogelmasken inszeniert, locken und verführen selbst Kirchenmänner, die zur einen Hälfte nach Weihrauch und zur anderen nach Boudoir riechen. Parfümierte Schönheitspflästerchen markieren die reizvollsten Gesichtspunkte der Damen und dienen andererseits zum Vertuschen möglicher Mängel. So schreibt der englische Marinebeamte Samuel Pepys in seinem überaus amüsanten Tagebuch, daß die Herzogin von Newcastle „wegen der Mitesser um den Mund viele schwarze Schönheitspflästerchen trug. Einige hatten die ungewöhnlichsten Formen, wie Sonne, Monde oder Sterne".

Langsam dämmert die Erkenntnis herauf, daß Waschen der Gesundheit eher nützt als schadet. Diese Einsicht und das ungebremste Glücksverlangen der Zeit äußert sich auch in ihren Düften, die jetzt leichter und spritziger werden.

Königin Marie Antoinette, die sich ihre Haare orange pudert, sich Masken aus pürierten Erdbeeren auflegen läßt und einen Duft mit dem Namen „À la Ruine des Fleurs" allen anderen vorzieht, bestimmt den Umgangston.

Flakon in Form einer Birne aus bemaltem Porzellan.
2. Hälfte 18. Jahrhundert. Deutschland, möglicherweise Fürstenberg.

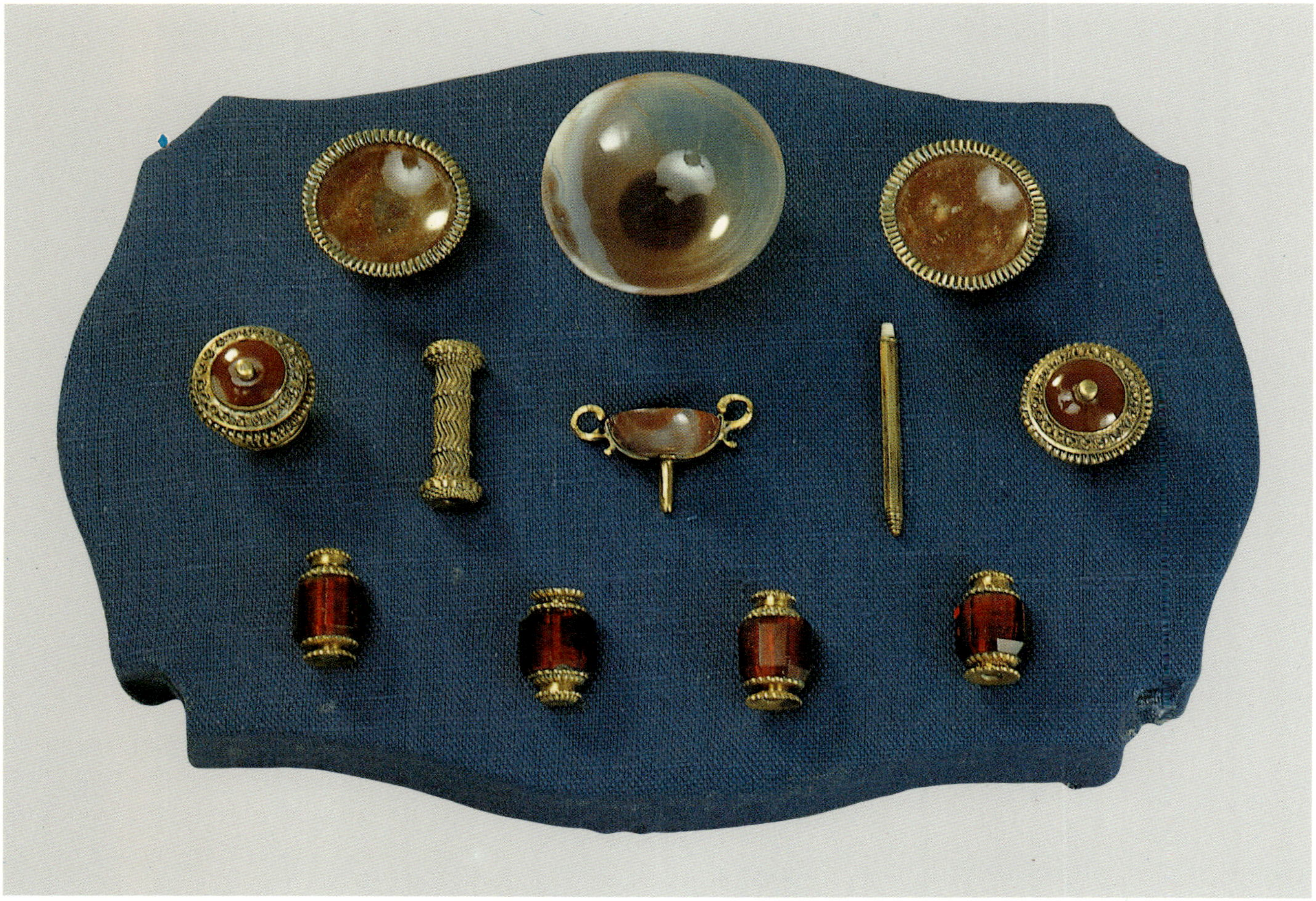

Parfüm- und Schminknecessaire mit Mischschale, zwei Deckeldosen, zwei Schminkschälchen, Trichter, vier Schraubfläschchen, Crayon und Fernrohr. Achat, Goldrubinglas mit vergoldeter Silberfassung. Um 1700. Deutschland, Augsburg.

Auch die Nuß ist ein beliebter Behälter für duftende Substanzen.
Doppelflakon – Glas in Walnuß. 18. Jahrhundert. Deutschland.

Während der zweiten Hälfte des 18. Jhd. kommen neben Riechdosen auch Duftflaschen auf, die im Stil des Rokoko reich verziert werden. Der farbig bemalte Flakon in Gestalt eines Jägers hat praktischerweise unter dem Boden einen Spiegel.

Zu den entzückendsten Kostbarkeiten des Rokoko gehören die „Chelsea Toys“, die in einer englischen Manufaktur zwischen 1745 und 1787 hergestellt werden.

Gold- und Silberschmiede, Glasbläser und Porzellanmanufakteure ersinnen neue Flakons, Etuis und Necessaires für all die zärtlichen Flirts mit der Schönheit.
Aus Kristallglas geschnitten, mit Schwarzlotmalerei verziert und mit Stöpseln aus Gold und Edelsteinen verschlossen, werden die kostbaren Kleinodien zu wertvollen Geschenken. Als Mitte des achtzehnten Jahrhunderts endlich das chinesische Geheimnis der Porzellanherstellung gelüftet wird, – Porzellan reagiert, wie auch Glas, nicht mit den ätherischen Ölen einer Pflanze – kommen die „Chelsea Toys" in Mode, charmante Behälter, die zweifellos zu den phantasievollsten Produkten der Zeit gehören. Sie werden zwischen 1745 und 1784 in einer Manufaktur im Londoner Stadtteil Chelsea hergestellt, und es gibt kaum eine Form, die der englischen Firma ungeeignet erscheint, duftende Versprechungen einzufangen. Harlekine und Vögel, Tiere, Blumen und chinesische Mandarine hüten, bemalt in den buntesten Farben, ihren flüchtigen Schatz.
Die französischen Revolutionäre von 1789 wollen mit derartig luxuriösen Spielereien und ihrem feinen Inhalt nichts zu tun haben. Jeder Frau, egal welcher Herkunft, drohen Gefängnis oder Tod, wenn sie mit den verhaßten Insignien der Aristokratie liebäugelt.
Dem „kleinen Corporal" Napoleon Bonaparte hat die Nachwelt es zu verdanken, daß dem Terror-Regime des französischen Konvents nicht alle luxuriösen Errungenschaften der Grande Nation zum Opfer fallen. Er unterstützt die Parfumindustrie ebenso wie Sèvres' Porzellanmanufakturen und Lyon's Seidenwebereien und holt die emigrierte Nobilität ins Land zurück. Als er 1802 zum Kaiser gekrönt wird, ist Eleganz nicht länger eine lebensgefährliche Bedrohung für republikanische Ideale. Napoleon selbst wird eine fast neurotische Einstellung zu Sauberkeit und Wohlgeruch nachgesagt. Auf jedem seiner zahlreichen Feldzüge hat er ein luxuriös ausgestattetes Badezelt dabei, das Original ist übrigens im Hotel Negresco in Nizza aufgestellt und zur Herrentoilette umfunktioniert worden.
Der wählerische Reinlichkeitsfanatiker wäscht sich ausschließlich mit der englischen Seife „Brown Windsor", und sein Lieblingsduft ist Farinas Eau de Cologne, von dem er mehrere Flaschen am Tag zu konsumieren pflegt.
Seine Kaiserin Josephine, eine Frau der vorrevolutionären Zeit, bleibt hingegen bei ihren schweren, berauschenden Düften – zu Napoleons größtem Mißfallen. Als sie 1810 Marie Louise und der Staatsraison weichen muß, tränkt sie aus Rache die kaiserlichen Gemächer mit dem Napoleon so verhaßten, haftenden Moschusduft. Noch lange nach Josephines Abgang muß der geruchsempfindliche Monarch ihre wegrationalisierte Anwesenheit geisterhaft gespürt haben.

Napoleons Badezelt ist heute im Hotel Negresco in Nizza zu bewundern.

Das Aqua mirabilis

Kostbare Behältnisse für wunderbares Wasser. Die handgeschmiedeten silbernen Hüllen im Hintergrund wurden um 1910 von der Firma Muehlens hergestellt, das reichverzierte Exemplar im Vordergrund stammt aus dem Jahr 1840.

Das „aqua mirabilis“ des in Köln ansässigen Italieners Giovanni Maria Farina trifft hingegen vorzüglich den Geschmack des Kaisers und den Nerv der neuen Zeit. Die im Rheinland stationierten französischen Truppen bringen das erfrischende Wasser mit in die Heimat und Hunderte von Nachahmern versuchen, die Mischung aus Weindestillat und den Ölen von Bergamotte, Neroli und Rosmarin zu imitieren. Der prominenteste unter Farinas ernstzunehmenden Konkurrenten ist eine Firma, die 1792 von dem Bankier Ferdinand Muehlens gegründet wird. Der Unternehmer erhält das Rezept für „aqua mirabilis“ von einem Kartäusermönch als Hochzeitsgeschenk – und er erkennt sofort den Marktwert des Wunderwassers. Mit dem Bau einer kleinen Manufaktur in der Kölner Glockengasse No 4711 beginnt der Siegeszug eines der berühmtesten deutschen Markenartikel: „4711 Echt Kölnisch Wasser“.
„Eau de Cologne“ empfiehlt

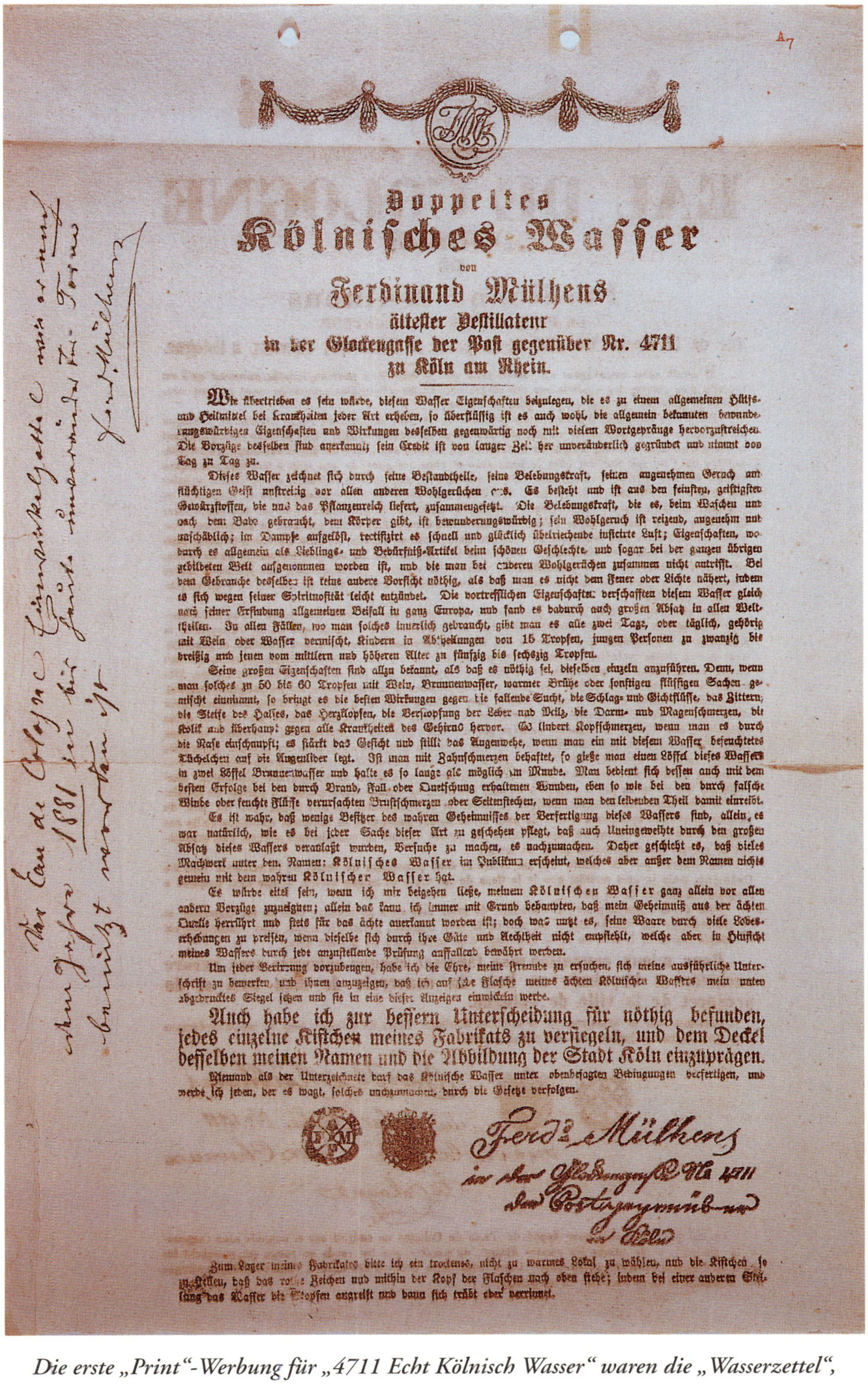

Doppeltes Kölnisches Wasser

von

Ferdinand Mülhens

ältester Destillateur
in der Glockengasse der Post gegenüber Nr. 4711
zu Köln am Rhein.

Wie übertrieben es sein würde, diesem Wasser Eigenschaften beizulegen, die es zu einem allgemeinen Hülfs- und Heilmittel bei Krankheiten jeder Art erheben, so überflüssig ist es auch wohl, die allgemein bekannten bewunderungswürdigen Eigenschaften und Wirkungen desselben gegenwärtig noch mit vielem Wortgepränge hervorzustreichen. Die Vorzüge desselben sind anerkannt; sein Credit ist von langer Zeit her unveränderlich gegründet und nimmt von Tag zu Tag zu.

Dieses Wasser zeichnet sich durch seine Bestandtheile, seine Belebungskraft, seinen angenehmen Geruch und flüchtigen Geist unstreitig vor allen anderen Wohlgerüchen aus. Es besteht und ist aus den feinsten, geistigsten Gewürzstoffen, die uns das Pflanzenreich liefert, zusammengesetzt. Die Belebungskraft, die es, beim Waschen und nach dem Bade gebraucht, dem Körper gibt, ist bewunderungswürdig; sein Wohlgeruch ist reizend, angenehm und unschädlich; im Dampfe aufgelöst, rectifizirt es schnell und glücklich übelriechende inficirte Luft; Eigenschaften, wodurch es allgemein als Lieblings- und Bedürfniß-Artikel beim schönen Geschlechte und sogar bei der ganzen übrigen gebildeten Welt aufgenommen worden ist, und die man bei anderen Wohlgerüchen zusammen nicht antrifft. Bei dem Gebrauche desselben ist keine andere Vorsicht nöthig, als daß man es nicht dem Feuer oder Lichte nähert, indem es sich wegen seiner Spiritnosität leicht entzündet. Die vortrefflichen Eigenschaften verschafften diesem Wasser gleich nach seiner Erfindung allgemeinen Beifall in ganz Europa, und fand es dadurch auch großen Absatz in allen Welttheilen. In allen Fällen, wo man solches innerlich gebraucht, gibt man es alle zwei Tage, oder täglich, gehörig mit Wein oder Wasser vermischt, Kindern in Abtheilungen von 15 Tropfen, jungen Personen zu zwanzig bis dreißig und jenen vom mittlern und höheren Alter zu fünfzig bis sechzig Tropfen.

Seine großen Eigenschaften sind allzu bekannt, als daß es nöthig sei, dieselben einzeln anzuführen. Denn, wenn man solches zu 50 bis 60 Tropfen mit Wein, Brunnenwasser, warmer Brühe oder sonstigen flüssigen Sachen gemischt einnimmt, so bringt es die besten Wirkungen gegen die fallende Sucht, die Schlag- und Gichtflüsse, das Zittern, die Steife des Halses, das Herzklopfen, die Verstopfung der Leber und Milz, die Darm- und Magenschmerzen, die Kolik und überhaupt gegen alle Krankheiten des Gehirns hervor. Es lindert Kopfschmerzen, wenn man es durch die Nase einschnupft; es stärkt das Gesicht und stillt das Augenwehe, wenn man ein mit diesem Wasser befeuchtetes Tüchelchen auf die Augenlider legt. Ist man mit Zahnschmerzen behaftet, so gieße man einen Löffel dieses Wassers in zwei Löffel Brunnenwasser und halte es so lange als möglich im Munde. Man bedient sich dessen auch mit dem besten Erfolge bei den durch Brand, Fall oder Quetschung erhaltenen Wunden, eben so wie bei den durch falsche Winde oder feuchte Flüsse verursachten Brustschmerzen oder Seitenstechen, wenn man den leidenden Theil damit einreibt.

Es ist wahr, daß wenige Besitzer des wahren Geheimnisses der Verfertigung dieses Wassers sind, allein, es war natürlich, wie es bei jeder Sache dieser Art zu geschehen pflegt, daß auch Uneingeweihte durch den großen Absatz dieses Wassers veranlaßt wurden, Versuche zu machen, es nachzumachen. Daher geschieht es, daß vieles Machwerk unter den Namen: Kölnisches Wasser im Publikum erscheint, welches aber außer dem Namen nichts gemein mit dem wahren Kölnischer Wasser hat.

Es würde eitel sein, wenn ich mir beigehen ließe, meinem Kölnischen Wasser ganz allein vor allen andern Vorzüge zuzueignen; allein das kann ich immer mit Grund behaupten, daß mein Geheimniß aus der ächten Quelle herrührt und stets für das ächte anerkannt worden ist; doch was nutzt es, seine Waare durch viele Lobeserhebungen zu preisen, wenn dieselbe sich durch ihre Güte und Aechtheit nicht empfiehlt, welche aber in Hinsicht meines Wassers durch jede anzustellende Prüfung auffallend bewährt werden.

Um jeder Verirrung vorzubeugen, habe ich die Ehre, meine Freunde zu ersuchen, sich meine ausführliche Unterschrift zu bemerken, und ihnen anzuzeigen, daß ich auf jede Flasche meines ächten Kölnischen Wassers mein unten abgedrucktes Siegel setzen und sie in eine dieser Anzeigen einwickeln werde.

Auch habe ich zur bessern Unterscheidung für nöthig befunden, jedes einzelne Kistchen meines Fabrikats zu versiegeln, und dem Deckel desselben meinen Namen und die Abbildung der Stadt Köln einzuprägen.

Niemand als der Unterzeichnete darf das Kölnische Wasser unter obenbesagten Bedingungen verfertigen, und werde ich jeden, der es wagt, solches nachzumachen, durch die Gesetze verfolgen.

Ferd.d Mülhens

Zum Lager meines Fabrikates bitte ich ein trockenes, nicht zu warmes Lokal zu wählen, und die Kistchen so zu stellen, daß das rothe Zeichen und mithin der Kopf der Flaschen nach oben stehe; indem bei einer anderen Stellung das Wasser die Stopfen angreift und dann sich trübt oder verrinnt.

Die erste „Print"-Werbung für „4711 Echt Kölnisch Wasser" waren die „Wasserzettel", die ab 1800 über Anwendung und Wirkung des Produkts informierten.

Anzeige aus dem Jahr 1928...
Das Wunderwasser aus Köln hat sich im Siegeslauf die Welt erobert.

„4711" – immer dabei

„Ottekolong, dat Fingste för de Naas“. 1871 kürt Ferdinand Muehlens, „de Naas von Kölle“, das Farina-Produkt mit seiner Hausnummer. Die pragmatischen französischen Revolutionstruppen hatten alle Gebäude Kölns fortlaufend numeriert; der Dom erhält die Nummer 5, Muehlen's neugotisches Haus in der Glockengasse die Nummer 4711.

sich zu dieser Zeit als Allheilmittel gegen verschiedenste Beschwerden. Jedem Fläschchen liegt ein „Wasserzettel“ bei, der Anwendung und Wirkung genau beschreibt und erklärt, daß z.B. junge Personen 20-30, ältere 50-60 Tropfen innerlich mit Wasser oder Wein gemischt anwenden können, „so bringt es die beste Wirkung gegen das Herzklopfen, auch lindert es Kopfschmerzen, wenn man es durch die Nase einschnupft, Blähungen und nicht erwiderte Liebe“.

Als Napoleon 1810 ein Dekret erläßt, wonach alle geheimen Rezepturen für Medikamente preisgegeben werden müssen, reagiert die Firma Muehlens, Alleinerbin der authentischen Formel zur Herstellung von „4711 Echt Kölnisch Wasser“, blitzschnell. Sie verpaßt ihrem Produkt ein neues Image und bietet es fortan als äußerlich anzuwendendes Duftwasser an. Die „Wasserzettel“ werden entsprechend geändert: „Dieses Wasser ist seiner bewunderungswürdigen Eigenschaften wegen im ganzen gebildeten Europa, selbst in fremden Ländern schon so bekannt und berühmt, daß es überflüssig wäre, viel zu seinem Lob anzuführen. Es behauptet daher auch mit Recht unter allen sowohl einfachen als auch vermischten Wohlgerüchen den ersten Rang. Umso mehr, als es beim Waschen oder nach dem Bade gebraucht, außerordentlich belebt“.

Mit diesem klugen Schachzug kann die Preisgabe

der Rezeptur verhindert werden und dem aufstrebenden, gut gewaschenen Bürgertum kommt die nachrevolutionäre Frische gerade recht. Auch Prominente zeigen starkes Interesse. Johann Wolfgang von Goethe bedankt sich handschriftlich für eine Lieferung, welche den Frauenzimmern sehr gefallen habe, und Richard Wagner versucht 1879 in altbewährter Manier, einen kleinen Rabatt herauszuschlagen: „Meine Bitte war einmal, mir – da ich sehr viel davon verbrauche – starke Sendungen Kölner Wassers wohlfeiler zukommen zu lassen als im gewöhnlichen Fläschchen-Verkauf. Können Sie das, so werde ich Ihnen sehr danken! Ich rechne für den Monat etwa ein Littre: Schicken Sie mir für ein 4tel Jahr drei Littre, so wollen wir sehen, wie es sich auskommt". Bis heute ist die Zusammensetzung des „aqua mirabilis" ein streng gehütetes Geheimnis, und die magische Rezeptur wird in einer atom- und spionagesicheren Stahlkammer aufbewahrt. Das älteste und populärste kommerzielle Duftwasser der Welt muß seine wahre Identität allerdings nicht mehr verschleiern. So präsentiert es sich wieder als das, was es eigentlich immer war: ein Stimulans für Körper und Geist, nach allen Regeln der Aromatherapie-Kunst komponiert.

Von all den Cologne-Kopisten – 1865 wird die Firma Muehlens beispielsweise von 39 Rivalen bedroht – spricht heute niemand mehr. Keinem von ihnen ist es gelungen, das Wunderelixier identisch nachzubrauen. Neben „4711" und Farinas „Eau de Cologne" – beide Erzeugnisse werden bis zum heutigen Tag in unveränderter Form in Köln hergestellt – existiert nur noch eine einzige „echte" Kölnisch-Wasser Autorität. Giovanni Maria Farina persönlich hat sie der französischen Manufaktur Roger & Gallet übertragen, die seit 1806 mit einem pariserischen Kölnischen Wasser brillante Erfolge erzielt. Im übrigen hat sich die Bezeichnung „Eau de Cologne" längst verselbständigt. Gemeint ist damit im allgemeinen Sprachgebrauch eine alkoholische Parfumöllösung in einer Dosierung von vier bis acht Prozent.

Ein anderer gefeierter Mann des 18. Jahrhunderts ist François Houbigant, Parfumhändler, Hersteller und Hoflieferant für Handschuhe, Puder, Pomaden, Parfums und Pflanzen-Rouge, Lieferant für voll ausstaffierte Hochzeits- und Taufkörbe. Das komplexe Unternehmen des feinsinnigen Kaufmanns floriert unter dem Label eines Blumenkorbs auf der eleganten Rue du Faubourg Saint Honoré. Dort können die Damen so vielsagende Düfte wie zum Beispiel „Elixirs à la guillotine" erstehen oder sich, wie in noch vorhandenen und penibel geführten Houbigant'schen Rechnungsbüchern nachzulesen ist, à la Madame de Monbretton der Völlerei hingeben: In einem Jahr kauft sie: 29 Paar Handschuhe, einen Posten Seife aus Neapel, 3 Dosen Pomade, 1 Dose Rosencreme, 11 Pfund Puder, 7 Flaschen Kölnischwasser, 1 Flasche Eau de Jasmin, 2 Töpfe Tuberosenextrakt, 2 Flakons Lavendelöl, 4 Flaschen Honigwasser und 7 Flaschen Bergamottewasser.

Auf Ihr Wohl, Madame!

Ein romantisches Parfum aus dem traditionsreichen Haus Houbigant. „Chantilly" – französische Spitzenware.

Kunst und Geschäft

im Zeichen des Wohlgeruchs

Nach Napoleon beginnen schwere Zeiten für die Parfumindustrie. Die erstarkende Bourgeoisie versucht, ihre moralische Überlegenheit gegenüber dem dekadenten alten Adel vor allem durch den Verzicht auf starke Gerüche zu demonstrieren. Düfte, wenn sie überhaupt getragen werden, müssen jetzt leicht und unaufdringlich sein. In England und Deutschland gibt man sich besonders puritanisch. Dort haben Männer nach Leder, Seife und Tabak zu riechen und Frauen am besten nach gar nichts.

Kaiserin Eugenie mit ihrer Liebe zur orientalisch inspirierten Üppigkeit der Zeit kann das langweilige Duft-Understatement 1850 endlich wieder rückgängig machen. Ihre betörenden Düfte stammen aus dem Haus Guerlain, das der schönen Spanierin mit seinem „Eau Impériale“ ein ewiges Denkmal setzt. Guerlain wird von der Leitidee, einen Duft auf eine Persönlichkeit, eine Atmosphäre abzustimmen, nie wieder abgehen. Mitte des 19. Jahrhunderts ist diese Idee absolut neu – und Pierre François Pascal Guerlain ist ihr Erfinder. Man bittet ihn, für eine einzige schöne Frau ein Parfum für einen einzigen Abend zu kreieren („einen nie vorher geatmeten Duft, der nur den Flügelschlag eines Abends lang vibriert“); Honoré de Balzac gibt die Komposition eines Duftes in Auftrag, ehe er „César Birotteau“ schreibt; die Zeitschrift „La Sylphide, le Journal des Elegantes“ parfümiert gar sämtliche Exemplare mit Guerlains Neuschöpfungen. Bald steht Guerlain außerhalb jeder Konkurrenz und symbolisiert in der ganzen Welt „das Parfum“. Gegen Ende des Jahrhunderts gelingt Pierres Sohn Aimé mit der Komposition „Jicky“ eine hellsichtige Zukunftsvision. Der Duft ist stark und schwierig zu entziffern, androgyn und seiner Zeit weit voraus.

„Ruhm vergeht, ein guter Name allein besteht.“ 1928 eröffnet Pierre François Guerlain sein Haus in der Rue de Rivoli in Paris.

Kaiserin Eugenie ernennt Pierre François Guerlain 1853
für das ihr gewidmete „Eau Impérial“ zum Hoflieferanten.

Tatsächlich ist „Jicky“ für die Frau des Jahres 1889 nicht akzeptabel. Zu modern, undifferenziert, verwirrend. Erst in zwanzig Jahren werden sich die neuen Amazonen mit diesem revolutionären Selbstbekenntnis identifizieren können. Guerlains Kreationen von Generation zu Generation können wir bis heute mit geschlossenen Augen erkennen. „Mitsouko“, „Shalimar“, „Vol de Nuit“, „Chant d´Arômes“, „Chamade“,– sie alle haben jeden Wandel der Zeit überdauert. Warum das so ist, sagt Jacques Guerlain: „Ein Parfum ist gut, wenn sein Duft eine tiefe Sehnsucht artikulieren kann.“

Auch François Coty (1876 - 1934) ist einer der großen Künstler der Parfumgeschichte. Sein kometenhafter Erfolg – vom kleinen korsischen Franco Sportuno zu „dem“ Parfumeur des Pariser Jugendstils – hat mehrere Väter. Einmal ist Coty mit einer äußerst sensiblen Nase auf die Welt gekommen, dann hat er sich ein souveränes Wissen um die Rohstoffe und Interaktionen der einzelnen Parfum-Bestandteile angeeignet. Und zum dritten ist er mit einem ausgeprägten Gefühl für erfolgreiches Marketing gesegnet. In Zusammenarbeit etwa mit Leon Baskst und René Lalique revolutioniert er

„Coque d'Or“. Der dramatische Flakon in Gold und Kobaltblau wird von Baccarat hergestellt und ist einer der erfolgreichsten und originellsten aller Zeiten.

„Ein Parfum ist gut, wenn es eine tiefe Sehnsucht artikulieren kann".
Jacques Guerlain.
„Jicky" von 1889 – der Duft der Amazone.
„Shalimar" von 1925 – der Duft für Träume aus 1001 Nacht, erregend und sinnlich.
„Chant d'Arômes" von 1962 – ein Parfum der Zärtlichkeit, der Jugend und der Unschuld.

Paris 1945. Auf den Champs-Elysées versuchen die G.I.s, mit mahlendem Kiefer den Namen Guerlain auszusprechen und stehen Schlange vor dem Laden mit der Nummer 68...

...mit einem Flakon von Guerlain werden sie einen Hauch Pariser Luft in ihr heimatliches Michigan oder Illinois mitnehmen.

Reise-Necessaire aus dem Schwarzwald um 1870. Es enthält zwei verzierte Glasflakons, Spiegel, Nähzeug und Toilettesachen. Beim Öffnen der Flügeltüren ertönt eine Melodie.

René Lalique (1860 - 1945) ist der erste Glaskünstler, der für die Fließbandproduktion geeignete Flakons von hoher künstlerischer Qualität entwirft.

den Parfumbetrieb. Er verlangt von Lalique Flakonentwürfe, die sich für die Fließbandproduktion eignen, ohne an Schönheit zu verlieren. Laliques Flaschen in Form von Blüten, Farnen, Zikaden und griechischen Jungfrauen werden zum Markenzeichen Cotys. Der populäre Bühnenbildner Leon Baskst entwirft Schachteln und Schriften, und Coty placiert das Gesamtkunstwerk mitten hinein in seine schillernde Zeit. Sein Beispiel macht Schule. Mit der Zeit werden das Flakon, sein Etikett und seine Verpackung fast ebenso wichtig wie der Inhalt selbst.

Das Pariser Ladenmädchen ist François Coty als Kundin genauso wichtig wie die Grande Dame der Gesellschaft, und beide versorgt er großzügig mit Pröbchen, stets auf der Suche nach neuen Abnehmern und Märkten. Er findet sie in Amerika, wo die Zeiten steriler Seifen-Seligkeit zu Ende gehen. Mit sicherem Geschäftssinn schickt Coty bereits um die Jahrhundertwende einen Repräsentanten seiner Marke nach Übersee, der die Produktion überwacht und den neuen, potenten Kunden pflegt. Amerikas Kosmetik- und Parfumindustrie boomt bald wie kaum eine zweite. Allein im Jahr 1924 könnte man mit dem von amerikanischen Frauen verbrauchten Lippenstift eine 5000 Kilometer lange Linie ziehen – eine schillernd-bunte Spur von Alaska bis New York.

Dort gründet 1910 eine kanadische Kinderschwester, fasziniert von der Schönheit und dem kosmo-

Eine Taube aus kobaltblauem Glas mit feinster Goldbemalung zur Aufbewahrung wertvollen Rosenwassers. 19. Jahrhundert. Türkei.

Schon Plinius erwähnt die Verwendung von getrockneten Blütengemischen. Dieses „Potpourri" in Form einer sich öffnenden Ananas aus grünem, geschliffenem Kristallglas ist ein besonders prachtvolles Exemplar. Um 1850. Paris.

1935 entwickelt Elizabeth Arden „Blue Grass", eine blumige Reminiszenz an ihre Heimat Virginia.

Das Design von „Red Door" (1990) ist unverkennbar den legendären roten Türen der Elizabeth Arden Beauty-Salons nachgebildet.

politischen Charme der Großstädterin, ihren ersten Kosmetiksalon. Es ist Elizabeth Arden, die Mutter der amerikanischen Schönheitspflege. Mit der unverwüstlichen „Eight Hour Cream", einem ebenso unkomplizierten wie wirksamen Pflegeprodukt, öffnen sich die legendären roten Türen zu ihrem gigantischen Schönheitsimperium. Ardens berühmtestes Parfum heißt seit 60 Jahren „Blue Grass", so getauft nach den bunten Sommerwiesen Virginias und komponiert für alle alterslosen und optimistischen Beauties der Welt.

Helena Rubinstein, polnische Jüdin aus Krakau, ist eine ebenbürtige, seit den frühen Jahren ungebrochene Autorität in Sachen Schönheit. Über London kommt sie 1912 in die Vereinigten Staaten, wo sie mit unbegrenzten Möglichkeiten experimentieren kann. Neben Rubinsteins luxuriösen Cremes, die so tröstlich unter die reife Haut gehen, assoziieren wir ihren Namen bis heute mit „Apple Blossom", einem einzigartigen Fliederduft.

Der Bart des 19. Jahrhunderts ist endgültig ab: Männer zeigen ein neues, glattrasiertes Gesicht. Es ist wie geschaffen für frische, stimulierende Wässerchen, für den alkoholischen Prickel nach getaner

Schererei. Unter dem kernigen Begriff „After Shaves“ erobern die Muntermacher auch den wildesten Cowboy. Der pudrige Duft „Old Spice“ – 1938 von der Firma Shulton in einem undurchsichtigen Container auf den Markt gebracht – ist dabei fast so etwas wie die Visitenkarte einer ganzen Generation. Andere amerikanische Männerdüfte sind nicht weniger erfolgreich: „Aqua Velva“ aus dem Jahr 1917 beispielsweise oder Pinauds „Lilac Vegetal“. Auch „English Lavender“ von Yardley oder die elegante Duftschöpfung des böhmischen Schneiders Knize „Knize Ten“ zählen zu den klassischen Oldtimern der Duftgeschichte. Dank ihrer brüderlichen Entwicklungshilfe schwappt der Trend zur männlichen Duft-Autarkie endlich auch nach Deutschland.
Die Herren hierzulande – sofern sie nicht zu den Duft-Avantgardisten gehören – zieren sich zwar noch ein bißchen. Bis in die 30er und 40er Jahre hinein ist parfümierte Selbstdarstellung mit dem Bann „weibisch“ belegt.

1959 von Mäurer und Wirtz auf den Markt gebracht: „Tabac Original“, „das non plus ultra dezenter Noblesse“ für den deutschen Mann.

Erst das Wirtschaftswunder eröffnet den Massenmarkt für Männerdüfte „made in Germany“.
„Tabac Original“ heißt das Schlüsselerlebnis. Als „non plus ultra dezenter Noblesse“ wirbt der pfeffrig-würzige Duft in den fünfziger Jahren um den Mann, der es weit gebracht hat.
Er ist ihm gewogen und ewig treu geblieben: „Tabac Original“ ist immer noch die Nr. 1 der deutschen Herrenpflege.

Der klassische Lavendelduft von Yardley ist seit 1913 eines der erfolgreichsten und diskretesten Eau de Toilettes für Männer.

Jedes gute Parfum braucht einen Namen, der sein Wesen umfaßt. So wie beispielsweise „Tabac“ unmißverständlich auf maskulinem Territorium angesiedelt ist, so hält die Welt der Liebe, der Blumen, der Geschichte und der Kunst, die Welt der Poesie, Mythologie und Surrealität ihre Namen für weibliche Duftträume bereit: „Je Reviens“ – zärtliches Versprechen; „Tabu“ – Reiz des Verbotenen; „My Sin“ – Anzeichen einer Schwäche; „Soir de Paris“ – romantische Erinnerung. Erst wenn eine Essenz getauft ist, weckt sie Sehnsüchte und Phantasien.

Mit „Youth Dew“ gelingt der dritten amerikanischen Schönheitskönigin Estée Lauder 1953 nicht nur eine köstlich-ölige Duftkonzentration für die

Estée Lauder vermarktet ihren Schönheitsköniginnen-Titel sehr geschickt. Mit „Youth Dew“, zunächst als Badeöl konzipiert, setzt sie einen Meilenstein für das Image ihres Unternehmens.

tägliche Badeorgie. Auch der Name ist eine psychologische Meisterleistung. Denn die vielversprechende Symbiose zwischen „Morgentau“ und „Jungbrunnen“ bringt in fast jeder Frau eine hochgespannte Saite zum Schwingen. Als männliche Begleitung zu „Youth Dew“ lanciert Estée Lauder 1964 den weltläufigen Duft „Aramis“. Thymian aus Spanien, Cardamom aus Guatemala, Sandelholz aus Indien und Limone aus Amerika verschmelzen in ihm nach allen Regeln der Diplomatie. Bis heute hält Estée Lauders Parfumfamilie – unter ihnen so wohlklingende Namen wie „Alliage“, „Beautiful“, „Cinnabar“ – die vorderen Plätze im internationalen Duftorchester. Mit „Spellbound“ landet die große alte Dame jetzt ihren neuesten Coup. Daß wir auf der Stelle von ihrer magischen Formel verhext sein werden, liegt in der Luft.

Estée Lauder gelingt 1964 mit „Aramis“ ein andauernder, beispielloser Durchbruch auf dem internationalen Markt.

Für die Liebhaberin eines schweren, orientalischen Duftes schafft Estée Lauder 1978 „Cinnabar".

Schon 1972 begreift Estée Lauder die enormen Chancen, die der Sport als Verkaufsargument bietet. Als „Sport Fragrance“ entsteht „Alliage“.

Parallel zur coolen Eleganz amerikanischer Modeschöpfer kreiert Estée Lauder den Frischen Duft „White Linen“.

Eine Hommage an das facettenreiche Leben der modernen Frau: Estée Lauders Parfum „Beautiful“ von 1986.

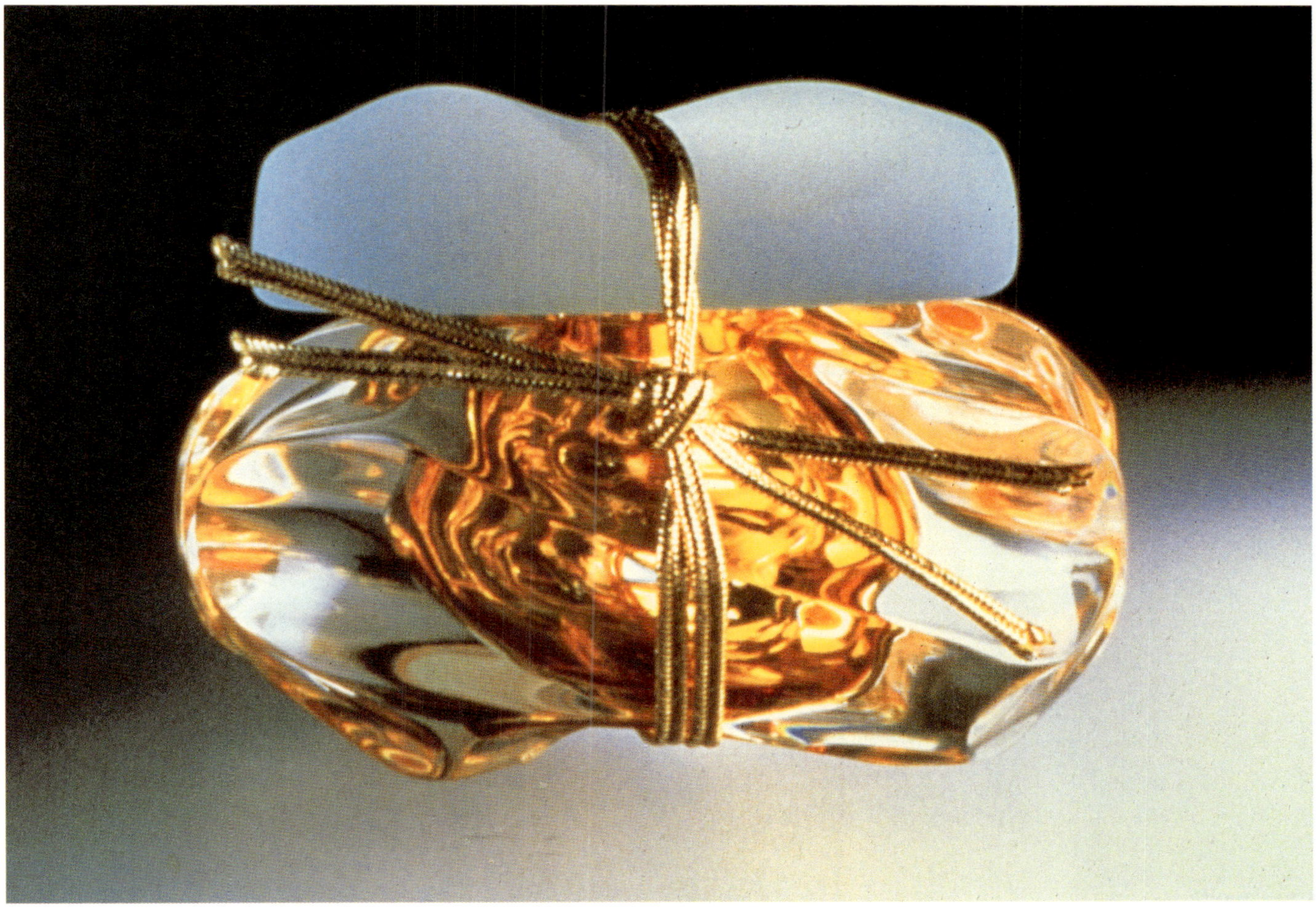

Als zukunftsweisend ins 21. Jahrhundert stellt sich Estée Lauder 1988 „Knowing" vor. Sie präsentiert einen überaus modernen, sinnlichen Duft.

Jeder Duft ist ein Versprechen. Doch es gibt immer nur einige, die Hoffnungen und Träume einzulösen vermögen. Zu ihnen gehört Revlons „Charly“, 1973 geboren und schlagartig erwachsen geworden. Schon im ersten Jahr setzt der starke, explosive Duft mit dem männlichen Namen (Revlons eigenem) mehr als zehn Millionen Dollar um. Seine Zeitgenossinnen fliegen auf „Charlys“ lässig-modische Unabhängigkeit und Eleganz, die so genau zu ihrem postrevolutionären Image paßt. Mit „Jontue“ errät Revlon 1975 ein weiteres Mal, was „in der Luft“ liegt. „Jontues“ Persönlichkeit ist blumig, klar, sanft, aber bestimmt und für eine Frau konzipiert, die sich nach romantischen Zeiten zurücksehnt, aber nicht bereit ist, den „alten“ Preis dafür zu zahlen. Revlon gibt ihr die Symbiose: einen femininen Duft, dem sie sich hingeben kann, ohne dabei ihr emanzipiertes Gesicht zu verlieren. Obwohl die Liaison zwischen Designern und Düften immer enger wird, entziehen sich bis heute einige Parfumhersteller der profitablen Umarmung. Auf der eleganten Pariser Avenue Montaigne residiert die Parfumerie Caron, deren köstliche Duft-Cocktails in Baccarat-Kristallflakons kredenzt werden. Die Klassiker der edlen Manufaktur glitzern wie Juwelen im Reich der Begierde: „Detchema“, „Infini“, „Nocturnes“, „Fleurs de Rocaille“ und, wer ihn einmal geliebt hat, vergißt ihn nie, den Mann mit nichts als „pour un homme“ auf der Haut. Carons nostalgisches Luxusangebot gipfelt jedoch darin, sich aus dickbäuchigen Glasballons einen individuellen Duft mischen zu lassen, dem man nirgendwo auf der Welt wiederbegegnen wird.

Das Lebensgefühl der 70er Jahre fängt „Charly“ von Revlon ein. Der starke, explosive Duft ist ein immenser Erfolg.

Revlon erfüllt 1975 mit dem klaren, blumigen Parfum „Jontue“
die Sehnsüchte der Frauen nach romantischen Zeiten.

Ein Tal im Norden Indiens und der Inbegriff eines luxuriösen Stoffes geben „Casmir“ von Chopard seinen Namen. Für den berauschend fruchtigen, süßen Duft entwickelt man einen Flakon, der dem Dach eines indischen Mausoleums nachempfunden ist. (1991).

Exklusiv von Avon vertrieben werden die Düfte des französischen Designers Louis Féraud: „Fantasque", 1981, „Fer", 1982, „Côte d'Azur" 1989.

Der 1986 entstandene Duft „Zino Davidoff" zeigt, wie durch geschicktes Marketing auch eine völlig neue Assoziation mit einem etablierten Namen verbunden werden kann.

„Der Duft einer Frau ist ihr persönliches Statement“, sagt der Modemacher Wolfgang Joop. „Pour femme“ von 1987.

Innerhalb kürzester Zeit avanciert das von Charles Lewis Tiffany 1837 gegründete Unternehmen zum führenden Schmuckimperium der Welt. Aus dieser luxusorientierten Tradition entsteht1987 ein Duft von französischer Eleganz.

Nach dem Eldorado der Hollywood-Stars benennt Clarins 1982 „Giorgio Beverly Hills“, einen sehr kommerziellen, blumigen Duft.

„Loulou“ ist die Inkarnation der naiv-verführerischen Kindfrau, der unbewußten Femme fatale.
Cacharel gibt der erotischen Figur aus G.W. Pabst's berühmtem Film 1987 einen unkonventionellen Duft.

1886 entsteht die California Perfume Company, seit den 30er Jahren unter dem Namen Avon ein internationaler Begriff für den Haus-zu-Haus-Verkauf. „Evermore", ein raffinierter Duft, ergänzt die Palette seit 1990.

Nach der griechischen Mythologie, der Narzissus-Legende, benennt Chloé ein zartes, erotisches Parfum. „Narcisse" vermittelt das Zeitgefühl der 90er Jahre: die Suche nach Schönheit, Geborgenheit und heiler Natur.

1931 annonciert Jean Patou das „teuerste Parfum der Welt": „Joy". Bis heute wird es in einem handgeschliffenen und versiegelten Flakon verkauft.

Einen überaus edlen Duft kreiert Jean Patou 1973 mit „1000". Er erinnert an die 1000 Wohlgerüche eines Blumengartens.

In der swingenden Flower-Power-Zeit der frühen 70er Jahre erscheint „Ô de Lancôme".
Ein zeitloses Eau de Toilette für unkomplizierte Frauen.

Lancôme ist ein anderes, beständiges Synonym für Duft-Autarkie im besten Sinn. „Ô de Lancôme" erweist seit 18 Jahren der frischen, vitalen Frau seine Referenz, und mit „Trésor" hat das Traditionshaus einen buchstäblichen Schatz gehoben. Seit seiner Einführung 1990 rangiert der blumig-orientalische Duft auf allen Bestseller-Listen ganz oben. Zusammen mit seiner Werbebotschafterin Isabella Rossellini verkündet „Trésor" das Glück schlechthin: „die Frau der 90er muß nichts mehr beweisen, sie lebt in Harmonie mit sich selbst. Sie ist spontan, empfindsam, sinnlich, warmherzig und ausgeglichen." ...wer würde sich nicht gern auf solchen Rosen betten? „Trésor" streut sie verschwenderisch aus.

Düfte sind Streicheleinheiten für Leib und Seele. Sie können unser Wohlbefinden steigern, Verkrampfungen lösen, Selbstvertrauen und Optimismus stärken. Daß viele aromatische Öle eine direkte therapeutische Wirkung haben, bezweifeln heute nicht einmal eingefleischte Schulmediziner. So werden der Gewürznelke beispielsweise schmerzlindernde Fähigkeiten zugeschrieben, Neroli dämpft Nervosität und Angst, Rosenöl wirkt gegen Kopfschmerz oder Melancholie, und ein heißes Bad in Jasminöl nimmt es mit dem schwärzesten Kater auf.

Auf ähnlichen aromatherapeutischen Erkenntnissen basiert eines der erfolgreichsten Duftwässer: „Eau Dynamisante" von Clarins. Unter dem Motto „überwachte Wirksamkeit" gelingt es dem französischen Kosmetik-Spezialisten, das Angenehme mit dem Nützlichen zu vereinen: Duft und Pflege beflügeln und stabilisieren einander. Wie ein gut trainiertes Team nehmen die verschiedenen Pflanzen dabei ihre unterschiedlichen Aufgaben wahr: Ginseng, Teufelskralle und Taigawurzel – duftneutrale Ingredienzen – pflegen und glätten, Blumen, Kräuter, Früchte und Gewürze beleben und muntern auf. Das ausgewogene Zusammenspiel kennt nur einen Gewinner: es ist der Benutzer, sei er männlich oder weiblich, selbst.

Wie wird die Geschichte der „flüchtigen Verführer" und das uralte Geschäft mit der Sinnlichkeit weitergehen? Niemand kann die Zukunft voraussagen. Doch zweifellos wird der vergessene fünfte Sinn mehr und mehr unser tägliches Leben berühren. Denn die Neugier auf die Schönheit und Vielfalt duftender Versprechungen bereichert unsere Welt um wunderbare Geheimnisse.

Isabella Rossellini, die Tochter der legendären Ingrid Bergmann, verkörpert seit 1990 Lancômes geheimnisvollen Duft „Trésor".

Für Helena Rubinstein Parfums schafft Paloma Picasso 1984 ein Parfum. Die Avantgardistin, die mit ihren Entwürfen internationale Akzente setzt, überträgt ihre Ideen auf einen Duft, der ihrem Talent und Stil entspricht.

„Bogner Woman“ überzeugt durch eine faszinierende Verbindung zwischen einem vibrierenden Duft und einem geradlinigen Design.

*Seit 1910 fertigt die Familie Trussardi in Bergamo feinste Lederwaren.
Aus dieser Tradition heraus entsteht „Trussardi Action“.*

Die deutsche Modedesignerin Jil Sander erweitert mit „No 4“ 1990 ihr umfangreiches Parfum-Sortiment um einen charismatischen Duft.

TRAUMGE

STALTUNG

Riechfläschchen, Flakons und Duftgefäße

Jeder Inhalt braucht eine Form, die sein Wesen umfaßt und sichtbar macht. Was könnte für Künstler und Kunsthandwerker reizvoller sein, als der kostbaren Essenz Parfum die schöne Gestalt zu geben, die ihrer luxuriösen Aura würdig ist? Dem Entwurf von Duftgefäßen haben sich seit Menschengedenken die besten Designer gewidmet. Die Herausforderung, flüchtige Versprechungen kunstvoll einzufangen, ist wohl auch eine der denkbar schönsten. Wer sich ihr mit Phantasie und handwerklichem Geschick stellt, kann ein unerschöpfliches Formenreservoir nutzen. Vom galant-verspielten Accessoire bis zum prunkvoll-prächtigen Machtsymbol, vom charmant-frivolen Aperçu bis zur kuriosen Karikatur - wenn es um die stimulierende Architektur für fragile Duft-Schönheiten geht, ist alles erlaubt. Gartenzwerge und Maikäfer, Vogelkäfige, Rehe, Häuser und Hüte, Hunde und Buddhas, Eier, Herzen und Fische, sie alle und viele mehr halten ihre Formen für jene köstlichen Inhalte bereit, die sich nüchternen Funktionsregeln entziehen. Tausende von Phantasien enthüllen sich vor unseren Augen, wenn wir die kunstvollen Kleider betrachten, die für duftende Träume angefertigt wurden, und ihre prachtvolle Vielfalt glitzert facettenreich durch unsere Kultur und Geschichte.

Duft-Objekte reflektieren immer auch die Stilperioden, in denen sie geschaffen und benutzt wurden: Durch die Jahrhunderte hindurch – vom sagenhaften Herrscher Gilgamesch bis ins 20. Jahrhundert – erlauben sie uns Einblicke in das historische, soziologische, religiöse und ästhetische Umfeld ihrer Zeit. So überliefern uns die Hellenen beispielsweise durch ihre bemalten Terracottagefäße ein feingezeichnetes Bild ihres Lebens von der Wiege bis zur Bahre, und die dekadente Lebenslust der Aristokratie des 18. Jahrhunderts läßt sich kaum transparenter darstellen als durch seine unüberbietbar extravaganten Parfumflakons. René Laliques kristallklar geschnittene Reliefs spiegeln in vollendeter Manier den dekorativen Geschmack des Jugendstils und sind mit ihren leichtverschleierten Frauengestalten eine feine Hommage an die größten Tänzerinnen der Zeit – Loie Fuller und Isadora Duncan – und ein Kompliment an die Schönheit der Frau schlechthin.

Der Couturier Paul Poiret versteht währenddessen Parfums als Accessoire zu seiner Mode, und für die Gestaltung der Flakons zieht er die berühmtesten Künstler der Jahrhundertwende zu Rate: Delaunay, Dufy, Steichen, Lepape und Erté. Salvador Dali wiederum läßt aus seiner Zauberkiste clowneske

Flakon-Skulpturen springen, die den surrealen Geist seiner Epoche, in feste Formen gegossen, begleiten. Und auch heute noch, in der Dekade der Massenproduktion, treffen viele Entwürfe – lustvoll, originell und abwechslungsreich wie sie sind – das zeitgemäße Lebensgefühl. Sei es die bunte Schlangenbeschwörung auf Niki de Saint Phalles dunkelblauem Glasflakon, Paloma Picassos harmonisch-eigenwillige Formgebung oder die strenge Graphik moderner Designer – Duftbehälter sind mehr als eine reine „Verpackung". Ihre dekorative Aussage – vom Pharaonenreich bis in die Gegenwart – lebt. Denn zu allen Zeiten haben Maler und Bildhauer, Juweliere, Glasbläser und Porzellanmanufakteure den Geist flüchtiger Düfte so hochgeschätzt, daß sie ihm ihre Kunstfertigkeit und Kreativität schenkten.

Pomander hatten mitunter auch die Funktion eines Amulettes.
Diese sogenannte „Betnuß" von 1500 war dazu bestimmt, Übel abzuwehren und Krankheiten fernzuhalten.

Edmond Roudnitska, der große Parfumeur, schreibt der Gestaltung von Flakons gar moralische Symbolik zu: „So etwas Schönes kann zum Zeichen dafür werden, daß der menschliche Geist am höchsten Punkt seiner Möglichkeiten angekommen ist: der absoluten Ästhetik".

Von den offenen flachen Schalen, auf denen die ersten aromatischen Stoffe verräuchert wurden, über die parfümierten Handschuhe am florentinischen Hof des 16. Jahrhunderts und die barocken Meißener Brûle-Parfums, bis zu Emile Gallés ornamentalen Jugenstilflakons und Baccarats schweren Kristallflaschen gibt es unzählige solcher Höhepunkte. Entscheiden zu wollen, welche Variante dabei die schönste und hervorragendste sei, ist ähnlich unmöglich, wie etwa das beste Gemälde aus dem Louvre herauszupicken. Und doch strahlt fast jedes Gefäß, das jemals das Kunstwerk Duft beherbergte, soviel Phantasie, Geschmack und Schönheit aus, daß man jedem einzelnen eine Hauptrolle geben möchte.

Flakons, Riechfläschchen, Pomander, Vinaigretten und Miniaturen finden immer mehr Liebhaber, und sie zu sammeln, ist in den letzten Jahren zu einer überall grassierenden Leidenschaft geworden. „Sammeln hat den Wert von Sport", sagte Joachim Ringelnatz. Und tatsächlich werden auf der Jagd nach vielbegehrten Unikaten oder auch kitschigen Kuriositäten Energien frei, die mit denen eines Leistungssportlers vergleichbar sind.

Wen die Lust auf das glitzernde Duft-Eldorado packt, der ist ihr meist rettungslos verfallen. Immer neue Formen, Farben und verführerische Traumgestalten werden dem Schatzsucher begegnen, und manch eine billige Trouvaille mag seine Spurensuche neu anfachen. Denn die kleinen Preziosen treten in so mannigfacher Gestalt auf, daß man ihrer funkelnden und vielversprechenden Präsenz niemals überdrüssig wird.

Riechdose in Form einer Birne. Silber, teilvergoldet. Süddeutschland. Um 1700.
Birne in der Mitte aufklappbar, Zweig mit Blättern abzuschrauben.

Flakon in Vasenform mit Rokokoverzierung. Gold. 1750/60. Frankreich.
Venus, eine Brust entblößt, erwartet den sich ihr nähernden Adonis und streichelt einen der Windhunde.

Zur Zeit des aufblühenden Rokoko wird die erste englische Porzellanmanufaktur im Londoner Stadtteil Chelsea gegründet. Die Manufaktur bringt eine unglaubliche Vielfalt von verspielten, extravaganten Nichtigkeiten hervor.

Flakon aus Porzellan, mit C-Schwüngen, farbig bemalt.
Messingstöpsel mit Korken. Mitte 18. Jhd. Berlin.

Flakon, emailliert mit vergoldeter Bronzemontierung.
1753/56. England.

Flakon aus Porzellan mit vergoldetem Bronzeverschluß. Hirte, am Baumstamm lehnend, hält einen Ziegenbock am rechten Horn. Modell von Fr. Wilhelm Eugen Döll. Um 1767/70. Thüringen, Kloster Veilsdorf.

Es gibt kaum eine Form, die der englischen Firma nicht als Vorlage für ihre Porzellanbehälter geeignet erscheint. Chelsea Toys aus der „Girl in a swing"-Periode.

Flakons aus farblosem Glas mit Goldkapsel (links und rechts), sowie Silberkapsel (Mitte).
19. Jahrhundert. Frankreich.

Flakon aus farblosem Glas mit weißen Fäden. Goldgefaßter Korkstöpsel mit Kettchen. Goldmontierung. Die Inschrift im blauen Emailband lautet: „L'amitié plus doux que la rose". Anfang 19. Jhd. England.

Links: Flakon aus Rubinglas mit Goldkapsel. Anf. 19. Jhd. Holland.
Rechts: Flakon aus Uranglas mit Glasstöpsel. Anf. 19. Jhd. Böhmen.

Flakon aus geschliffenem farblosem Kristallglas. Schraubverschluß und Teleskopfernrohr aus Messing. Um 1830. Nordböhmen.

Sternförmiger Silber-Filigran-Behälter mit sieben Glasflakons. Mittlerer Flakon mit Silbermontierung. 1. Hälfte 19. Jahrhundert. Norwegen.

Muschel-Ei aus Perlmutt mit zwei Glasflakons. Bronzefassung, auf Alabasterfuß. Ca. 1830. Frankreich.

Flakon mit Stöpsel aus blauem Glas mit opakweißem Überfang, geschliffen, rosa Emailmalerei und Goldbänder mit Goldblättern auf der Wandung verziert. Um 1840/50. Böhmen (Haida).

Flakon aus Glas mit Glasstöpsel. Goldbemalung.
Guerlain: „Impérial Russe". Ca. 1890. Frankreich.

Flakon aus Glas mit Glasstöpsel.
Grenoville: „Chaîne d'Or". Ca. 1923. Frankreich.

Kristallflakon von Baccarat mit Goldbemalung. Satinierter Kristallstöpsel in Form eines Fabeltiers. Yardley: „Le Secret des Dieux". 1913. England.

Flakon aus Glas mit Glasstöpsel.
L. T. Piver: „Pompeia". 1907. Frankreich.

Flakon aus Glas mit schwarzem Glasstöpsel mit Korkummantelung.
Lagell: „Lilac". Ca. 1920. Frankreich.

Flakon aus Glas mit Glasstöpsel.
A. Siou & Cie.: „Les Myrtes". 1920. Frankreich.

Verkaufsständer aus Messing mit sechs Proben (z.B. Chypre). Eingeschliffene Glasstöpsel mit Testerstab, goldfarben bemalt. „4711“. Ca. 1900/20. Deutschland.

Flakon aus Glas mit Pumpzerstäuber aus vergoldetem Messing.
Cadolle: „Gardénia“. Ca. 1920. Frankreich.

Flakon von Baccarat aus rosafarbenem Opal mit Kristallglasstöpsel. Goldene und schwarze Emailmalerei. Forvil: „Le Parfum". 1927. Frankreich.

Flakon von Baccarat aus geschliffenem weißem und braunem Kristallglas. Avenel. 1928.

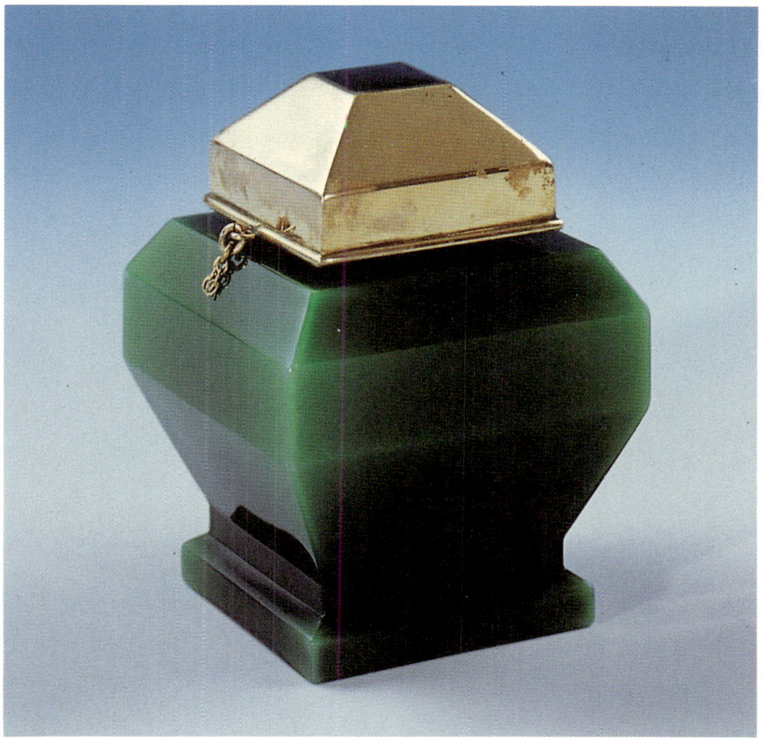

Flakon von Baccarat aus grünem Kristallglas mit vergoldeter Kappe. Myon. 1928.

Flakon von Baccarat aus geschliffenem Kristallglas. L. T. Piver: „Astris". 1927. Frankreich.

Flakon von Baccarat aus Kristallglas mit Feingold verziert.
Fontanis. 1923.

Flakon von Baccarat aus Kristallglas mit blauer Emailbemalung. Stöpsel mit Halbmond aus versilbertem Metall. Hennessy: „Nuit Profonde". 1931.

Flakon von Baccarat aus Kristallglas mit Emailbemalung.
Forest: „Ming Toy". 1923.

Flakon von Baccarat aus Glas mit feiner, roter Emailbemalung.
Macy, Les Parfums de Suzy: „Scarlet". 1939.

Flakon aus Glas in Form einer Schneiderpuppe mit Samtband und Blüten unter Glassturz. Schiaparelli: „Shocking". 1939. Frankreich.

*Flakon von Lalique aus Glas.
Rochas: „Femme". 1944. Frankreich.*

Flakon von Lalique aus Glas mit Glasstöpsel.
Nina Ricci: „Coeur Joie". 1947. Frankreich.

Flakon von Lalique aus Glas mit Glasstöpsel.
„Deux Fleurs" oder „Deux Marguerites". 1935/36. Frankreich.

Flakon von Lalique aus Glas mit Glasstöpsel.
Forvil: „Relief". 1920. Frankreich.

Flakon von Lalique aus Glas mit Glasstöpsel.
Nina Ricci: „Farouche". 1974. Frankreich.

Flakon aus Glas mit Glasstöpsel.
Lucien Lelong: „Tempest". 1947.

Flakon aus Glas mit Glasstöpsel in Kunststoffkugel an Kunststoffaufhängung. Coty: „L'Orican". Ca. 1940. Frankreich.

Flakon aus Glas mit Glasstöpsel.
Guerlain: „Fleur de Feu". 1948. Frankreich.

Flakon aus Glas mit Glasstöpsel.
Pino-Nice: „Rock Beach". Ca. 1950. Frankreich.

Flakon aus Glas mit Bakelitverschluß. Kalender, wie hier aus Holland, wurden für jedes Verkaufsland speziell hergestellt. Bourjois: „Glamour". 1953. Frankreich.

Flakons aus Glas mit eingeschliffenen Stöpseln aus Glas (links) bzw. vergoldetem Glas (Mitte und rechts).
Prince Matchabelli: „Duchesse of York“ (links). 1934. „Windsong“ (Mitte und rechts). 1953.

Flakon aus Glas mit Glasstöpsel.
Chanel: „No. 22“. 1962. Frankreich.

Flakon aus Glas mit Glasstöpsel.
Coty: „Complice“. 1973. Frankreich.

Ein Flakon entsteht

Aus den Proportionen einer Steinfigur entsteht die Form von Samsara.

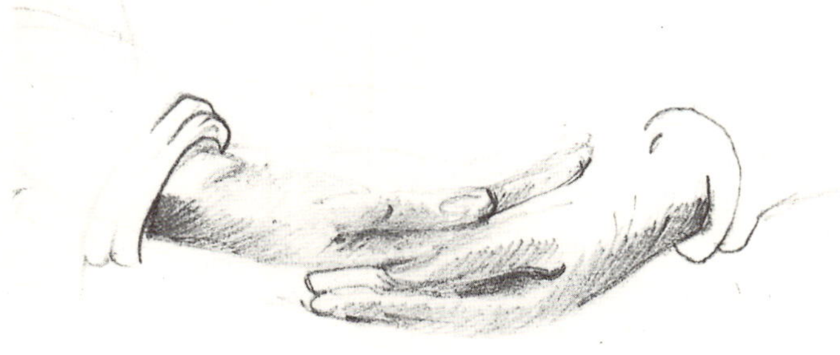

Die erste Idee: ...

... die formale Interpretation einer klassischen Meditationshaltung.

Jeder Inhalt braucht eine Hülle, die sein Wesen umfaßt und sichtbar macht. Für den neuen Guerlain-Flakon „Samsara“, was bedeutet „unendlicher Zyklus der Geburten und Wiedergeburten“, hat der Künstler Robert Granai sich von buddhistischen Skulpturen inspirieren lassen. Ihre harmonischen Proportionen und die Ausstrahlung zeitloser Beständigkeit liefern ihm das Vorbild für den Entwurf eines kostbaren Glasgefäßes.

Kopf-, Herznote und Fond werden von einem goldenen Ring umschlossen, der sie miteinander verbindet und voneinander abgrenzt.

Der Weg nach innen eröffnet uns die Welt der Träume.

Der Flakon ist geboren. Inhalt, Name und Form begegnen sich in perfekter Harmonie.

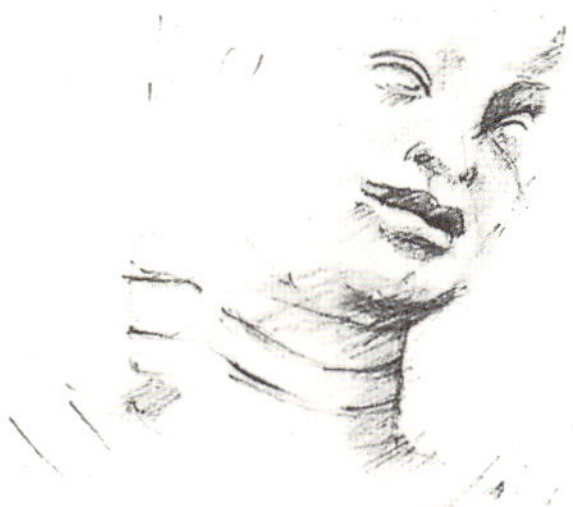

Aus Steineinkerbungen formen sich die Schultern des Flakons.

Ein Duft liegt in der Luft

Seitdem der erste moderne Couturier, Charles Frederic Worth, seine maßgeschneiderten Kreationen mit einem Hauch von Luxus parfümierte, sind Mode und Duft ein starkes Gespann. Gemeinsam fangen sie das Lebensgefühl ihrer Epoche ein, spiegeln sie die Lust auf Experimente und Wagnisse, wecken sie Sehnsüchte, die „in der Luft" liegen. Fast alle großen Modeschöpfer der letzten hundert Jahre haben ihre Phantasien mit Parfum-Kompositionen untermalt. Manche von ihnen sind zur Melodie ihrer Zeit geworden. Von der lebenslustigen „Belle Epoque" bis zu den bitteren Nachkriegsjahren, vom Wirtschaftswunder bis zur nimmersatten Extravaganz der Neunziger spielen Mode und Duft jenes vielstimmige Lied, das den „Zeitgeist" aufweckt und zum Klingen bringt.

Das zweite Kaiserreich

Charles Frederic Worth, ca. 1858 – ein Engländer erobert den Mode-Olymp Paris

Die Couturiers des ausgehenden 19. Jahrhunderts zwängen, ebenso wie ihre Vorgänger es seit Jahrhunderten getan haben, die Frauen in wahre Festungen. Zuerst ein Hemd, dann das Korsett, darüber eine Untertaille aus Batist mit Schößchen, dann zahlreiche Unterröcke, vornehmlich weiße, graue oder schwarze, dann endlich das eigentliche Kleidungsstück: Oberteil und Rock. Auf dem Kopf thronen voluminöse Hüte mit langen, furchterregenden Nadeln, mit ausgestopften Vögeln – Möwen sind das non plus ultra –, mit künstlichen Blumen, Früchten und Gemüse, mit Paradiesvogel-, Straußen-, Schwanen- oder Geierfedern. Und zu alledem noch Federboa, Muff, Handtäschchen, Sonnen- oder Regenschirm und ein kleiner Hund.

Als der junge Jean Cocteau eines Tages zwei dieser „korsettierten Löwinnen" beobachtet, meint er: „Der Gedanke daran, eine dieser Damen auszuziehen, ist ein kompliziertes Vorhaben, das man wie einen Umzug planen muß".

Lesen wir Proust, der sein erstes Treffen mit Odette schildert: „...es war schwierig, sich ihren Körper in Gänze vorzustellen, denn sie war nach der Mode gekleidet und galt als eine der bestangezogenen Frauen von Paris. Das Mieder beugte sich in weitem Vorsprung über einem flachen Bauch und lief in der Taille spitz zu, während sich darunter ein Ballon aus doppelten Röcken aufblähte; das erweckte den Anschein, als sei die Frau aus zwei verschiedenen Teilen schlecht zusammengesetzt".

Das 19. Jahrhundert ist Zeuge einer aufblühenden Industrialisierung. Gesellschaftliche Reputation ist nicht länger eine Frage der Herkunft, sondern kann erworben werden.
Anerkennung und Einfluß hat nicht mehr nur derjenige, der sich auf ehrwürdige Traditionen beruft, sondern jeder, der es sich finanziell leisten kann. Kaiserin Eugenie, die wunderschöne Frau Napoleons III., liebt den Prunk nicht weniger als ihre „neureichen" Zeitgenossinnen, die stets nach Möglichkeiten suchen, den neuerworbenen Wohlstand passend zu verschwenden. Mit aristokratischem Stilempfinden bringt sie allerdings einen Mann in Mode, der heute als der erste moderne Couturier gelten kann: es ist der Engländer Charles Frederic Worth.
Der Sohn eines pleite gegangenen Advokaten kommt 1845 nach Paris, um sein Glück zu suchen – in Queen Victorias puritanischem Reich hätte der Luxus-Schneider auch wohl kaum Modegeschichte machen können. Zur internationalen Ausstellung 1867 richtet Frankreich zum Beispiel für seine Luxusartikel Mode und Parfum eine eigene Abteilung ein, während sich England mit den Modellen einer Schule, einer Kirche und einer Veranstaltung der Bible Society präsentiert.
Charles Frederic Worth bricht zwar nicht die Regeln, die zu seiner Zeit gelten: seine Röcke sind nach wie vor auf sperrige Krinolinen montiert und seine Roben so opulent wie eh und je. Doch Worth ist der erste, der an den Entwurf und die Konstruktion von Kleidungsstücken künstlerische Maßstäbe anlegt, der erste, der seine Modelle von Mannequins vorführen läßt, der erste, der seine Kreationen signiert und der erste Couturier, der seinen Kundinnen ein Parfum anbietet. „Dans la nuit" ist ein großer Erfolg und die Basis für den Erfolg all seiner Nachfolger.

Das erste Worth-Parfum „Dans la nuit". Der Name Worth lebt weiter. „Je Reviens" z.B. ist eine der unsterblichen Duftversprechungen unserer Zeit.

LA BELLE EPOQUE

Das Jahrhundert der Elektrizität beginnt. Durch Berlin fährt die erste Autodroschke, im Pariser Untergrund die neue Metro. Elektrische Spielzeugeisenbahnen liegen unter den Weihnachtsbäumen, Knorr erfindet die Luftdruckbremse. In München wird das Prinzregententheater eröffnet, Enrico Caruso besingt die ersten Schallplatten. Im afrikanischen Kongo wird das Okapi entdeckt, im gefrorenen Boden Sibiriens finden Forscher ein vollständig erhaltenes Mammut. Zur Weltausstellung reist die ganze Welt nach Paris. Sie bestaunt erleuchtete Springbrunnen, Brokate aus aller Herren Länder, Rolltreppen, geheimnisvolle neue Maschinen zur Papierherstellung, Aquädukte, Wunder über Wunder... Eine gigantische Stahlkonstruktion überragt alles: der Eiffelturm, das heißdiskutierte Sinnbild einer neuen Epoche, verkündet weithin sichtbar, daß Frankreich nach der Niederlage von 1870/71 seinen Stolz und sein Selbstvertrauen wiedergefunden hat. „Die französische Nation", schreibt Victor Hugo, „vibriert vor neuer Lebenslust". Am Montmartre tritt Aristide Bruant auf und läßt sich von Toulouse-Lautrec zeichnen, Diseusen und Chansonetten tragen Vulgäres und Lasterhaftes vor. Es ist die Zeit der Hydrophaten, einer skurrilen Künstlergruppe, die das Wasser wie die Pest scheut, ausgenommen für äußere Anwendungen. In den Theaterpausen flanieren die Damen in langen, rüschenbesetzten Frou-Frou-Röcken umher, die „jungen Wilden", unter ihnen Matisse, Braque und Utrillo malen gelbe Himmel, blutrote Bäume und grüne Gesichter. Paris um 1900, das ist nicht die Zeit, das Leben grau in grau zu sehen... Es wird auch Zeit, sich von 600 Jahre alten Modediktaten zu verabschieden. Paul Poiret, der multitalentierte Sohn eines Stoffhändlers plant die Schlacht gegen Krinoline und Korsett mit der Akribie eines Feldherrn.

Ein epochales Monument: François Eiffels gigantische Stahlkonstruktion, erbaut zur Weltausstellung 1900.

Erste Offensive: „Im Namen der Freiheit: Ich verbanne das Korsett!" Er ersetzt das „Folterinstrument" durch ein leichtes, weiches Dessous aus Gummi, das die Rundung der Brüste betont und sie in eine sanfte Wiege legt: der Büstenhalter ist geboren. Zweite Offensive: die Verlagerung des Haltepunktes von der enggeschnürten Taille zu den Schultern. „Dieses Prinzip läßt die Frauen viel edler erscheinen" schreibt Poiret in seinen Memoiren, „die Stoffe fallen wie das Wasser einer Fontäne herab und umhüllen den Körper ganz natürlich". Die vielen Unterröcke störten dabei, er schafft sie ab. Dritte Offensive: die Verwirklichung einer neuen Silhouette. Sein Stil ist schmeichelnd, betörend, intim. Er entwirft Overalls und Pluderhosen, Sack- und Schlauchkleider. Poirets verwegener Umgang mit den weiblichen Proportionen provoziert. „La Vie Parisienne" meint, man müsse Foxterrier, Chihuahuas, Windhunde und andere Modehunde abschaffen: „Die Damen, die sich nach der neuen Mode kleiden, sind nur durch Polizeihunde zu schützen."
1906 wird das Wort „chic" ins Wörterbuch aufgenommen.
Was chic ist, bestimmt Paul Poiret. Immer theatralischer, orgiastischer, exotischer werden seine Kreationen. „Zu dieser Zeit", schreibt er, „waren die bleichen Fleischfarben, alles was mild, verwaschen und fad wirkte, in Mode. Ich schickte in diese Schafsherde ein paar kräftige Wölfe: Grün, Violett und Königsblau, Orange und Zitronengelb." Ohne Rücksicht auf Proteste, Tränen und Flüche stellt der kreative Dompteur 1910 den „Humpelrock" vor. Es ist ein Gebilde, das von den Knien abwärts extrem eng wird und der gerade erlangten Bewegungsfreiheit den Gnadenstoß versetzt. Humpelnd und mühsam trippelnd beugt sich die modebewußte Frau den Fesseln und Launen des Meisters. Die Begeisterung für das frivole Kleidungsstück ist so groß, daß die Kirche den Humpelrock offiziell verurteilt. Die Priester werden angewiesen, derartig unanständig angezogenen Frauen die Absolution zu verweigern. Aber was ist die Gefahr der ewigen Verdammnis gegen einen sensationellen Auftritt? „Ich bin der erste, der die geheimen Wünsche der Frauen erraten hat", schreibt Poiret 1913 selbstbewußt in der Vogue.
Poiret wird immer mutiger – und seine Kundinnen

Der letzte Versuch, das „Folterinstrument" anzupreisen. Ob rostfrei oder nicht, die spitzfindige Werbebotschaft kommt zu spät. Poiret schafft das Korsett ab.

mit ihm. „Tragen Sie nicht, was alle tragen," beschwört er sie, „das ist nicht richtig. Seien Sie einmalig, meine Damen."
Zur Einmaligkeit gehört, das wird Paul Poiret im Jahr 1910 klar, der persönliche Duft.

Bequem, graziös, revolutionär. Poirets Sommerkollektion aus dem Jahr 1911.

Paul Poiret präsentiert in seiner Parfumfabrik „Rosine" seinem Schwiegervater Emmanuel Boulet eine neue Duftkreation.

Bis zu dieser Zeit parfümierten sich die Frauen mit Blumendüften wie Flieder, Lavendel, Veilchen oder Maiglöckchen. Für Poiret ist die Frau kein süßer Blumenstrauß. So wie er sie in seinen verführerisch-pompösen Kreationen vor sich sieht, so soll sie duften: sinnlich und suggestiv. Zusammen mit Maurice Schaller, einem jungen, unbekannten Parfumeur, geht Paul Poiret an die Arbeit. Sein erstes Parfum – und damit das erste Parfum eines Couturiers überhaupt – heißt nach Poirets kleiner Tochter „Rose de la Rosine". Bald folgt „Mouchoir de la Rosine", „Chez Poiret", „Aladin". Die Flakons, die Stöpsel, die Etuis, alles bildet eine harmonische Einheit mit den betörenden Düften und ergänzt das Image, das sich die Frau mit Poirets Kleidern schafft. „Mouchoir de la Rosine" ist in ein seidenes Taschentuch eingewickelt, „Chez Poiret" mit goldenen Quasten verziert, „Aladin" erinnert an persische Miniaturen.

Paul Poiret ist der Erfinder des Corporate Design: zu seinen Modenschauen verschickt er parfümierte Einladungskarten, die Parfums selbst kann man nur in seiner Boutique in der Faubourg Saint Honoré kaufen. Poiret ist es, der die großen, galanten Luxuskünste Frankreichs zusammenbringt: Mode und Duft. Als die Frauen, durch die Jahre des ersten Weltkriegs nüchtern und aktiv geworden, sich als Zwitterwesen verstehen, beginnt Paul Poirets Stern zu verblassen. Der Geist der verrückten zwanziger Jahre lehnt den theatralischen Inszenator zweckfreier Schönheit ab.

„Le Minaret" Parfum de Rosine

Die Roaring Twenties

Der erste Weltkrieg ist vorbei, und die Erleichterung, mit dem Leben davongekommen zu sein, wirkt wie ein Rausch. Alles ist erlaubt, eine neue Epoche der gewagten Vergnügungen und exaltierten Verrücktheiten, der Wachheit und Aufgeschlossenheit bricht an. Inbrünstig wird das gemeinsame Ziel verfolgt, jeden Augenblick des Lebens einem glühenden Höhepunkt zuzutreiben, jeden Tag und jede Stunde der Routine und Gleichgültigkeit zu entreißen. „Das Leben muß man, ob rot oder blau, ganz nackt durchschreiten, zu einer subtilen Seemannsmelodie und aufs äußerste bereit zu einem Fest", so bringt der surrealistisch inspirierte Zeitgenosse Francis Picabia die Stimmung auf den Punkt.

In dieser Atmosphäre der leidenschaftlich propagierten Lebenslust gedeiht die Emanzipation. Frauen schneiden sich die Haare ab, bekennen sich ungeniert zur freien oder gar lesbischen Liebe, rauchen und trinken und tanzen mit beweglichen und möglichst argentinischen Gigolos den Tango oder Paso doble in den Tanzlokalen der Arbeiter. Der neue Stil „à la Garçonne" feiert Triumphe. Die ondulierte Lockenpracht der Vorkriegszeit weicht dem streng symmetrisch coupierten Bubikopf. Und der opulent-exotischen Mode der Belle Epoque halten die Roaring Twenties gerade Hängekleider entgegen, unter denen Busen, Hüften und Taille verschwinden. Paris ist zu dieser Zeit – mehr denn je – der magnetische Pol, der sie alle anzieht: die Kreativen und Radikalen, die Dekadenten und Genialen, die die Abkehr von überlebten Traditionen und fragwürdig gewordenen Diktaten zum Maßstab aller Dinge machen.

À la Garçonne. Bubikopf, kurze Hängekleider, Provokation. Die Frauen pfeifen auf sittsame Zurückhaltung und holde Weiblichkeit. Tabus sind dazu da, gebrochen zu werden.

Gabrielle (Coco) Chanel 1925

Gabrielle (Coco) Chanel ist im Paris der zwanziger Jahre eine der wichtigsten Trendsetterinnen, die den Weg in die modische Freiheit weisen. Sie bricht ein in die Domäne männlicher Kleidung – Jersey, Blazer, Matrosenmützen – und stilisiert die unspektakulären Materialien zu einem emanzipierten Chic. Ihre Kleider, Kostüme und Hosenanzüge sind von einem „de Luxe armen" Aussehen, jeder kapriziösen Spielerei beraubt, spartanisch und klassisch. Und wie vor ihr Paul Poiret, gibt sie ihrer Mode einen Duft. Nichts liegt Mademoiselle Chanel natürlich ferner, als Poirets verschnörkelt-schwerblütigen Spuren zu folgen. Von raffiniert in Szene gesetzter Weiblichkeit hat der Duft zu sein, der durch den Zeitgeist weht.

Der wohl legendärste aller Düfte, Chanel No 5, trifft kurz nach dem Krieg, 1921, mit vehementer Kraft das Lebensgefühl der Frauen. Schon die Verpackung zeigt, wes Geistes Duft sich darin verbirgt: die Kartonnage und das Etikett sind streng schwarz/weiß, der Flakon scharf und rechteckig, sogar der Name ist sachlich – und alles zusammen wirkt wie ein roher, spröder, kostbarer Diamant. Das Parfum selbst setzt nicht weniger neue Maßstäbe. Die Komposition ist die gewagte Erfindung des russischen Emigranten Ernest Beaux, der vor der Revolution 1917 in Moskau für das Haus Rallet arbeitete.

Er verwendet zum erstenmal hochkonzentrierte synthetische Duftstoffe, die den Charakter des Parfums prägen. Aufgefangen und besänftigt wird das aldehydische Leitthema durch das weibliche Duft-Orchester: Ylang-Ylang, Jasmin, Rose und Mairose.

No 5 revolutioniert die Kunst der Parfumerie ebenso, wie Coco Chanels Modelle den Aufbruch in ein neues Zeitalter der Mode initiieren.

Chanel No 5 – Die Legende.
1921 getauft nach Cocos Glückszahl.

Stolz, frei und non-chalant. Chanels Mode trifft das neue Lebensgefühl der Frauen.

Coco Chanel ebnet mit ihren Kreationen den Weg in die modische Freiheit.

Cooler Jazz bringt die Luft zum Vibrieren.

Josephine Baker, die Königin der Folies Bergère. Gigolos begleiten die emanzipierte Frau in die berühmte Tanzhalle und wer sich nicht lächerlich machen will, hält lesbische Liebe für normal und Alkoholismus für ein Zeichen von Genie.

Josephine Baker betritt die Bühne. „Dann erschien ein seltsames Wesen mit gebeugten Knien in einem zerfetzten Badeanzug – eine Mischung zwischen einem Känguruh und einem Radrennfahrer", schreibt der Kritiker der Zeitschrift „Candide" verständnislos. Sie wird bald die umjubelte Königin der „Folies Bergère" sein. Die Negromanie blüht, der Jazz revolutioniert die Musikszene.

Einer, der in perfekter Harmonie mit seiner Zeit lebt, weil er ihr immer ein wenig voraus ist, ist der feinfühlige Modeschöpfer Jean Patou. Kaum jemand kann dem Charme des gutaussehenden, eleganten Mannes widerstehen, der in seinem Hispano Suiza so unvergleichlich schwungvoll vorfährt, so nonchalant riesige Summen am Roulette-Tisch verspielt, so leidenschaftlich die neuesten Art-deco-Objekte sammelt.

1925 kreiert Jean Patou drei Düfte, die von den großen Momenten der Liebe erzählen. „Amour Amour" – wenn das Herz schneller schlägt, „Que sais-je" – wenn der Verstand zögert, „Adieu sagesse" – wenn der Körper sich hingibt. Die drei Parfums fangen den Geist einer Epoche ein, in der die letzten hinderlichen Tabus der Vergangenheit fallen. Wenn wir das Siegel der Flakons brechen, sind wir mitten drin in der Zeit des Aufbruchs, in den verrückten Jahren!

Wir schreiben das Jahr 1927. Charles Lindbergh fliegt über den Atlantik, Duke Ellington spielt im Cotton Club, Micky Maus wird geboren, Warner Brothers produziert den ersten Tonfilm, Frankreich

Jean Patou, 1926.
Die Klatschkolumnistin Elsa Maxwell schreibt über ihn:
„Er ist unbestreitbar der aufregendste Mann, den man je in der Modewelt angetroffen hat. Er hat mehr hypnotische Kraft und Sex-Appeal als irgend ein anderer Mann“.

gewinnt den Davis Cup. Die Röcke werden kürzer, wer etwas auf sich hält, treibt Sport. Jetzt wollen die Frauen in die Sonne, auf die Golfplätze, ans Steuer rasanter Cabriolets.

Mit gewohntem Spürsinn hatte Jean Patou diesen Trend zur frischen Luft vorausgesehen: bereits 1924 eröffnet er im smarten Ferienort Deauville eine Boutique für Sport- und Badebekleidung. Als die Modeprophetin Coco Chanel 1927 von einer Kreuzfahrt mit dem Herzog von Westminster tief-

Drei Parfums, die von den großen Momenten der Liebe erzählen:
... Amour Amour – wenn das Herz schneller schlägt

... Que sais-je – wenn der Verstand zögert

... Adieu sagesse – wenn der Körper sich hingibt

gebräunt nach Paris zurückkehrt, ist seine Zeit gekommen. Die gewagten, raffiniert enthüllenden und praktischen Modelle werden ihm aus der Hand gerissen. Er erfindet das erste Sonnenschutzöl und tauft es „Chaldée“ – nach dem legendären Land Chaldäa der Sumerer, wo wunderschöne Frauen mit goldener Haut lebten. Die elegante Welt verbringt ihre Ferien nun an der Côte d'Azur, an den Atlantikküsten und am Lido. „Das Leben am Lido hat seine eigenen Gesetze“, so instruiert J. Ramon Fernandez seine Leserinnen in der Vogue, „die Details sind folgende: man trifft sich am späten Vormittag im Badekostüm und schwimmt, es folgt ein Sonnenbad am Strand, dann Mittagessen in der Taverne. Dort trägt man weiterhin den Badeanzug, leicht bedeckt von einem dünnen Mantel mit Blumen- oder persischen Mustern... Auf keinen Fall diese Gebilde aus Seidenchiffon oder Satin, die gänzlich fehl am Platz wirken“. Patous „Chaldée“

Die Frau spielt Tennis und Golf, raucht und fährt mit 120 Stundenkilometern Auto.
Für sie schafft Jean Patou 1929 den Duft „Le Sien“.

vergoldet, in glücklicher Verbindung mit der neuen Freundin Sonne, die langen, müßigen, spielerisch verschwendeten Stunden der High Society.

Das Cabriolet wird zum Ausdruck von Freiheit und Freigeist.
Frauen wollen in die Sonne und ans Steuer.

In den späten zwanziger Jahren scheinen die Frauen genug von der selbstverordneten Knabenhaftigkeit zu haben. Die Lust auf Experimente, mögen sie sich in manirierter Verfremdung oder ungekünstelter Naturbelassenheit der eigenen Persönlichkeit ausdrücken, kehrt zurück. Man fährt im Seidenkleid Auto oder besucht als Cleopatra verkleidet die berühmten Maskenbälle der Gräfin Casati.

Jean Patou – schon immer ein Feind von Modediktaten – zeigt 1929 seine neueste Kollektion: kniebedeckende, kostbare Roben in satten Farben, verführerische Goldlamémäntel mit pelzverbrämten Ärmeln – sinnliche Weiblichkeit in ihrer schönsten Form. Vorhang auf für das letzte, rauschende Fest. Als der schwarze Freitag an der Wall Street die Welt erschüttert, ist Paris auf dem Zenit seiner ausschweifenden Lebenslust.

Das Parfum, das dazu paßt, heißt „Moment Suprême“. Es ist der Höhepunkt, der Gipfel, die kurze Ekstase. Es ist der letzte Moment eines verzweifelten Optimismus.

1929 präsentiert Jean Patou kniebedeckende Roben in satten Farben. Wie üblich, trifft er damit den Nerv seiner Zeit. Die Frauen haben genug von der selbstverordneten Knabenhaftigkeit.

Tanz auf dem Vulkan

Armut, wirtschaftliche Depression und Arbeitslosigkeit beherrschen die Epoche. Die französische Luxusindustrie verzeichnet ein Defizit von zwei Milliarden Francs. Zur Präsentation der Pariser Frühjahrskollektionen im Februar 1930 erscheint kein einziger Kunde. Die amerikanischen Touristen, ruiniert vom größten Börsenkrach in der Geschichte des Kapitalismus, bleiben zu Hause. Mehr als 30 000 Zulieferanten – Schneiderinnen, Modistinnen, Weber, Stickerinnen, Spitzenklöpplerinnen, Färber – verlieren ihren Job. Und dennoch: wie immer, wenn der Lebensstandard sinkt, steigt die fatalistische Sehnsucht, aus der grauen Realität zu entfliehen.

1931 annonciert Jean Patou das „teuerste Parfum der Welt": Joy. Die Glückseligkeit basiert auf dem betörenden Duft bulgarischer Rosen und reinsten Jasminöls, hochstilisiert mit ebenso teuren wie schwierig herzustellenden synthetischen Ingredienzien. Das Parfum ist ein Welterfolg. Keiner kann es sich leisten, doch jeder muß es haben. Koste es, was es wolle.

Der brennende Wunsch, sich aus dem Alltag zu befreien, beflügelt die schöpferische Phantasie der Couturiers. Unter ihnen ist die Designerin Elsa Schiaparelli, eine neapolitanische Aristokratin, die als „Kaiserin der 30er Jahre" in die Geschichte eingehen wird. Eng verwandt mit dem clownesk-rebellischen Geist der Surrealisten, ignoriert sie praktisch alle Regeln des guten Geschmacks, die die Welt der Haute Couture vorschreibt.

Elsa Schiaparelli, die „Kaiserin der 30er Jahre". Sie interpretiert mit ihrer theatralischen Mode die clownesken Ideen der Surrealisten.

Sie knöpft ihre farbenprächtigen Roben mit Lollies oder kleinen Gitarren zu, sie krönt die Häupter modemutiger Damen mit gigantischen Filzschuhen, Lammkeulen oder plissierten Lampenschirmen, sie präsentiert ein Abendkleid, dem ein angenähter Hummerschwarm hinterherschleppt. Sie erfindet

Handtaschen, die beim Öffnen Melodien spielen, sie beleuchtet zarte Handgelenke mit fluoreszierendem Schmuck. Auf ihren Stoffen tummeln sich Elefanten, Akrobaten und fliegende Engel. Wie zu Poirets Zeiten wird die Mode zum Theater.
Als Mae West 1937 einen Alabastertorso der Venus von Milo aus Hollywood schickt, ist Elsa begeistert. Sie bittet ihren Freund Salvador Dali, einen Flakon zu entwerfen, der die perfekten Rundungen der Figur herauskristallisiert. Dem glitzernden Körper der Venus entströmt ein warmer Patschuli-Hyazinthen-Duft; sie nennt ihn, nach ihrem Lebensmotto und ihrer Lieblingsfarbe Pink: „Shocking". Die dunklen Jahre des zweiten Weltkriegs verbringt die „dekadente Künstlerin" in New York, weit weg von der kernseifenprüden Spießigkeit der Nazis.
1933 setzt in Deutschland die erste große Emigrationswelle ein. Etwa 60 000 Menschen, oft führende Künstler, Wissenschaftler und Politiker, verlassen das Land. Alle Parteien im deutschen Reichstag außer der SPD stimmen dem Ermächtigungsgesetz für die Hitler-Regierung zu. Josef Goebbels wird Reichsminister für Volksaufklärung und Propaganda. Die deutsche Frau trägt knöchellange Kleider und besinnt sich zwangsläufig auf ihre Rolle als Hausfrau und Mutter.
Während die Machthaber des Dritten Reiches pathetisch von der Rückkehr zu Blut und Boden träumen und ihre monumentalen Geschmacklosigkeiten in die Städte setzen, suchen in Amerika fünfundachtzig Millionen Menschen wöchentlich in den gigantischen Kinopalästen am Broadway nach der verlorengegangenen heilen Welt. Hollywood produziert sie, überlebensgroß. Haufenweise hübsche Mädchen tänzeln über die Breitwand, schöne Menschen führen in überdimensionalen Salons gepflegten Reichtum vor, gutmütige Monster, so groß wie das Empire State Building, kämpfen wildromantisch gegen die nüchternen Zeiten, Stars werden geboren, Idole regieren über die Realität.

Phantasievolles Spiel mit Stoff und Statur. Wer zu Schiaparellis Kundinnen gehört, hat Mut und Humor.

„Shocking pink" ist Elsa Schiaparellis Lieblingsfarbe. Ihr Parfum „Shocking" erscheint 1937.
Salvador Dali entwirft den Flakon und Marcel Vertes das Plakat.

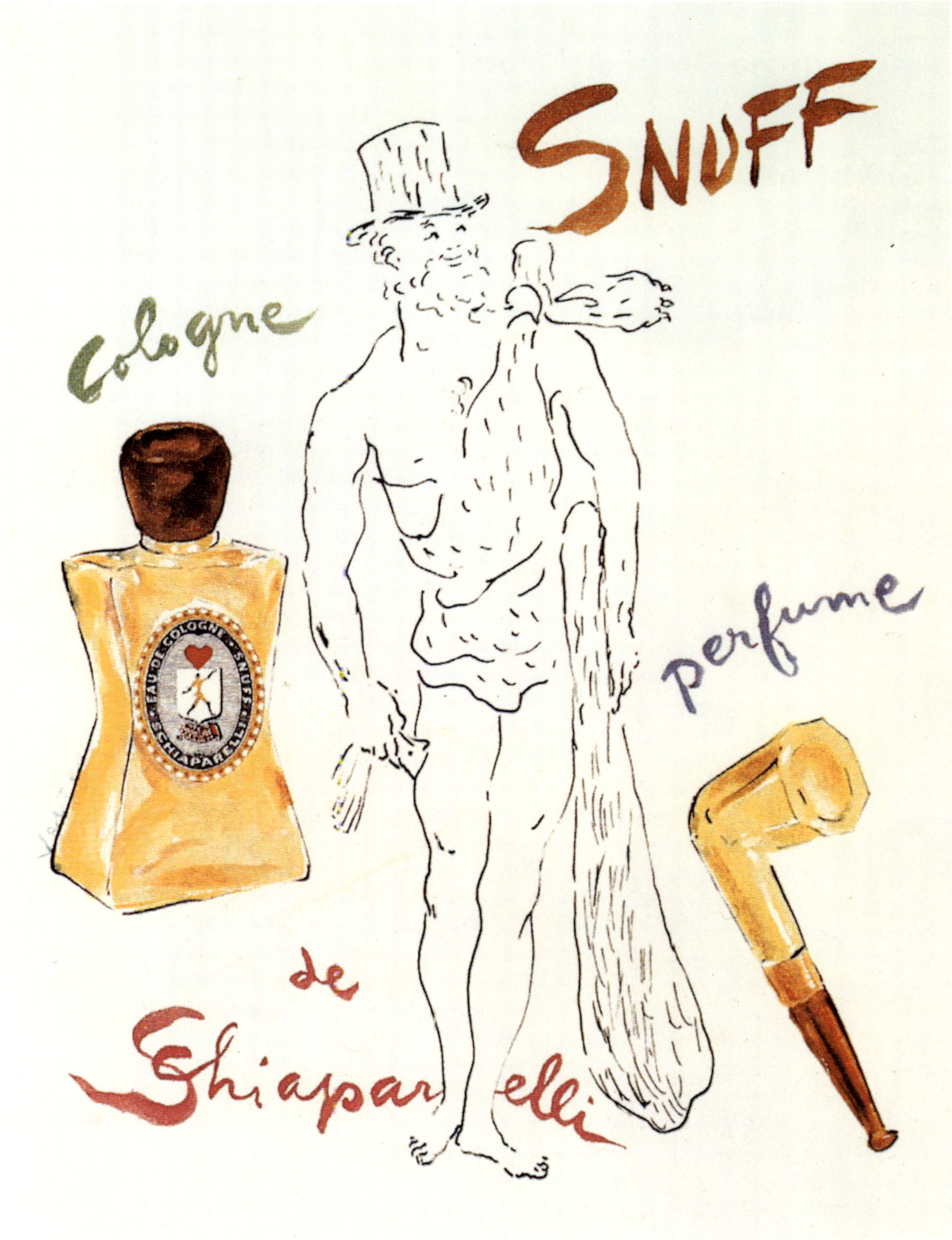

„Snuff" von 1939 wird als surreales Kunstobjekt präsentiert.
Der Duft strömt aus einer Kristallpfeife, eingebettet in eine Zigarrenschachtel.

Madame Jeanne Lanvin, Paris 1940

Als Gegenspielerin zu der exzentrischen Elsa Schiaparelli und in harter Konkurrenz zu Coco Chanels majestätischem Absolutismus feiert unterdessen in Paris eine edle Klassikerin Triumphe: Jeanne Lanvin. „Stilkleider" tauft die Presse ihre vornehmen Kreationen, die weder streng noch spektakulär, sondern schlicht weiblich sind. Sie übernimmt den größten Teil der Kundinnen von Paul Poiret, die Frauen, die sich weder als Paradiesvogel noch als graue Maus verkleiden wollen. Die Düfte, die Jeanne Lanvin ihren kostbar-femininen Roben verleiht, sprechen eine weniger zurückhaltende Sprache. „My Sin" zum Beispiel, der animalische Blütenduft, zaubert 1925 einen Hauch von süßer Sinnlichkeit auf die soignierte Dame, wenn es aus dem dramatischen „Boule Noire", einem Flakonentwurf von Jeannes Verehrer Paul Iribe, befreit wird. Oder „Scandal", 1932 kreiert und als ungenierte Aufforderung zum Tanz zu verstehen. Ihren größten Erfolg hat Jeanne Lanvin allerdings mit „Arpège", es ähnelt im olfaktorischen Sinn den leichtfüßig-harmonischen Noten eines Arpeggio. „Arpège" verweist 1928 Chanels No 5 auf den zweiten Platz der aktuellen Parfum-Bestsellerliste, zum größten Ärger der ehrgeizigen Mademoiselle. Vollends aus der Fassung gerät die Erfinderin des „Kleinen Schwarzen",

André Fraysse, Lanvins Chef-Parfumeur, kreiert 1927 das berühmte „Arpège", eine warme, galante Komposition.

als Jeanne Lanvin für ihre Verdienste um Frankreich 1938 mit dem Orden der Ehrenlegion ausgezeichnet wird. Und Elsa Schiaparellis supermondänen Vampstil vernichtet sie mit der Bemerkung: „Ich liebe Luxus, und Luxus liegt nicht im Reichtum oder in Geziertheit, sondern im Fehlen des Vulgären".

Vielleicht mag uns der Kampf der Modegigantinnen um den alleinseligmachenden Stil heute lächerlich erscheinen. Sicher ist jedoch, daß der kreative Krieg das Terrain für einen Trend bereitet, der uns bis heute friedlich stimmt: Chacun à son goût.

Der dramatische Flakon „Boule noire" für das Parfum „My Sin" ist ein Entwurf von Paul Iribe für Jeanne Lanvin.

„Stilkleider" tauft die Presse Jeanne Lanvins Modelle.
Ihre Linie ist neu – aber weniger radikal als Coco Chanels Entwürfe.

Schatten und Licht

1946 wird in Deutschland die Serienproduktion des Volkswagen aufgenommen. Er läuft und läuft...

Die Kriegsjahre sind bitter für all die Industrien, die von der Phantasie und dem Spiel mit der Imagination leben. Nur wenige Parfums werden zu dieser Zeit kreiert; Frankreich ist abgeschnitten von den Rohstoffmärkten in Persien und Indien und von den traditionellen Abnehmern in England und Amerika. Außerdem hat man andere Sorgen. Für galante Flirts mit dem eigenen Image hat niemand Zeit, Geld und Lust.

Berühmte und namenlose Couturiers improvisieren dennoch mit dem erfinderischen Humor der Verzweiflung: Hüte aus Zeitungspapier, Schuhe mit an Scharnieren befestigten Korkabsätzen, aus Uniformstoffen geschneiderte Kostüme mit so sinnigen Namen wie „Falscher Alarm“, „Offensive“ oder „Bunker“. Understatement heißt die Devise. „Die Frau, die im Overall oder in der Dienstkleidung charmant und hübsch aussieht, das ist die Frau von heute“, schreibt die englische Modezeitschrift Fashion Illustrated.

Schulterlanges Haar, rote Fingernägel, Pelzmäntel, auffälliges Make up, alles was nach Luxus riecht, wird kurzerhand zum geschmacklichen Fehltritt degradiert. Die Röcke sind kürzer denn je. Mag das auch banalerweise an der Stoffknappheit der mageren Jahre liegen, die zeitgenössische Erklärung für die Beinfreiheit klingt sympathisch. Das Knie zu zeigen, wird nämlich als patriotische Pflicht angesehen, „Damit die Jungs auch was davon haben“, wenn sie ihre Mädchen in den kastigen, breitschultrigen Uniformsakkos wiedersehen.

Pierre Balmain ist im letzten Kriegsjahr 1945 der

erste Couturier, der es wagt, einen neuen Duft in die Atmosphäre zu schicken. „Vent Vert" weht wie eine frische, leichte Brise durch die zerbombten Städte und läßt erahnen, daß Frühling in der Luft liegt. Mit dem neuen Parfum „Zut" – sehr vorsichtig übersetzt „Mist" – meldet kurz darauf Elsa Schiaparelli aus Amerika, daß sie immer noch die provozierende Alte ist. Und Jean Patou feiert mit seiner Duftkreation „L'Heure Attendue" 1946 die heißersehnte Stunde der Befreiung.
Im gleichen Jahr wird in Deutschland die Serienproduktion des Volkswagens aufgenommen, für 1 Kilo Kaffee bezahlt man auf dem Berliner Schwarzmarkt 1100 Reichsmark, Nachrichten über „fliegende Untertassen" führen zu wilden Spekulationen. In allen Ländern verbreitet sich der Aberglaube, allein in Amerika werden 25000 Astrologen und 80000 Hellseher registriert.

Zurück in eine glückliche Zukunft mit Wespentaille und schwingenden Hüften.

Christian Dior, der Erfinder des „New Look". Sein Stil wird zum Synonym für das weibliche Selbstverständnis der Nachkriegsjahre.

Die Kriegsjahre liegen erst ganz kurz zurück und eine heftige, aber noch unartikulierte Sehnsucht nach Veränderung auf der ganzen Linie ergreift die Menschheit. Das Verlangen, die alten Hüte wegzuwerfen, sich die abgearbeitete Haut abzustreifen, der entbehrungsreichen Zeit auch optisch ein Ende zu setzen, spukt jeder Frau im Kopf herum - auch wenn keine genau weiß, was sie eigentlich will. Am 12. Februar 1947 schließlich kommt derjenige, der es ihr zeigt: Christian Dior. „It is quite a revolution, dear Christian. Your dresses have such a new look", die Chefredakteurin von Harper's Bazaar, Carmel Snow, spricht es aus: New Look. Die erste von Christian Dior signierte Kollektion ist getauft. Mit einem Schlag schafft er die praktische, sportliche Linie der vergangenen sechs Jahre ab. Weite, schwingende Röcke – manche haben einen Umfang von vierzig Metern – nackte Schultern, enge Taillen, das ist es, wovon die Frauen träumen. Von der Rückkehr zum Hübschen, Anmutigen, Schmeichelnden. Für die englischen und amerikanischen Lieferanten, denen bewußt ist, daß der verschwenderische Umgang mit Material zu Engpässen führen wird, ist Diors Moderevolution ein weiteres Zeichen für typisch französische Verantwortungslosigkeit. Die britische Regierung ruft zum Boykott des neuen Stils auf, Freidenker sehen in der körperbetonenden Linie einen Rückschritt, der die emanzi-

patorischen Ziele der 20er Jahre verleugnet. Alle diese Kritiker haben die Rechnung ohne die Frauen gemacht. Sie sonnen sich in den eitlen Möglichkeiten der Selbstdarstellung, sie haben keine Lust mehr, „ihren Mann zu stehen". New Yorker und Londoner Kaufhäuser können nicht einmal mehr verschenken, was nicht im entferntesten Diors Entwürfen ähnelt.

Auf der Welle des Wirtschaftswunders, die mit dem New Look Europa überfluten wird, schwimmt die Parfumindustrie ganz oben. Dior läßt zur Präsentation seiner neuen Kollektion „Miss Dior" erscheinen, einen altmodischen Maiglöckchen-Veilchen-Duft, den der Parfumeur Roudnitzka in Diors Laboratorien in Cabris komponiert. Die Frau, die ihre nackten Schultern mit „Miss Dior" parfumieren soll, wird von dem Graphiker René Gruau dar-

Mit suggestiven Illustrationen des Graphikers René Gruau wirbt Dior 1949, gleichzeitig zu seiner Mode-Offensive, für das elegante Parfum „Miss Dior".

gestellt. Sie ist ein aristokratischer Schwan, der hocherhobenen Hauptes im ruhigen Wasser schwimmt, um den schlanken Hals drapiert sich eine vielschnürige Perlenkette, die von einem schwarzen Band zusammengehalten wird. Noch raffinierter und vieldeutiger wirbt „Miss Dior“ 1948 um die Gunst des weiblichen Geschlechts. Eine Leopardenpfote verschränkt sich zärtlich mit einer feingliederigen Frauenhand – mehr braucht man nicht zu sehen, um zu wissen, welch zähmenden Effekt der Duft hat.

Im Jahr 1949 kommt „Diorama“ auf den Markt, und wieder ist es Gruau, der das Wesen des Parfums mit ein paar Strichen sichtbar macht. Auf einem Sessel liegen hastig abgestreifte Handschuhe und eine Wolke aus schwarzem Tüll, die dazugehörige Dame ist vor Sekunden aus dem Bild gegangen, um den Mann ihrer Wahl zu verführen. „Diorama“ basiert auf einem Holz-, Moos- und Blumenkomplex, und diese Verbindung liiert sich mit einer leichten Fruchtnote – einfach unwiderstehlich. Christian Dior regiert, bis er im Jahr 1957 plötzlich stirbt, die Modewelt; von Australien bis Südamerika kennt jeder seinen Namen. Er gehört, neben Chaplin, Ghandi und Stalin zu den fünf bekanntesten Persönlichkeiten überhaupt. Der bescheidene, ja fast unscheinbare Mann, der immer „nur ein guter Schneider für einige elegante Damen der Gesellschaft“ sein wollte, hinterläßt einen unvergänglichen Glanz und die Erinnerung im Gedächtnis manch einer Frau, in seinen Kleidern und seinen Düften geliebt worden zu sein.

Accessoires der Verführung. René Gruau macht das Wesen der Dior-Düfte mit ein paar Strichen sichtbar.

„Diorama“ von 1949. Das Parfum basiert auf einem Holz-, Moos- und Blumenkomplex.

Jeder Modestil und jeder Duft stirbt am Überdruß und verdankt seine Wiedergeburt einem neuen Verlangen. Cristobal Balenciaga, Sohn eines Matrosen und einer Dorfschneiderin aus San Sebastián, weiß um die flüchtige Launenhaftigkeit des Erfolgs, mit der ein Schöpfer von Schönheit und Harmonie zu leben und zu sterben hat. Sein Rezept gegen die Gewohnheit ist einfach und paßt zu seinem introvertierten, konservativen Wesen: er bringt nur ganz wenige Kollektionen – ausgetüftelte, handgenähte, abgezählte – einem ebenso ausgetüftelten, handverlesenen, abgezählten Publikum vor Augen. Höchste Präzisionsarbeit, unerbittliche Eleganz und strikte Pressescheuheit kennzeichnen das stolze Genie des Spaniers. Seine Ateliers, zuerst in Madrid, dann in Barcelona und schließlich in Paris, führt er wie ein Kloster. Jeden Morgen Punkt 8 Uhr haben die Mönche – unter ihnen André Courrèges und Emanuel Ungaro – sich zu versammeln, um dem Kult der Haute Couture zu huldigen. Das Mittagessen wird von den weißbekittelten Mönchen und ihrem Abt Balenciaga gemeinsam in einem steif möblierten Speisesaal eingenommen, und gegen 20 Uhr wird auf ein Handzeichen Balenciagas die Arbeit beendet. Es ist keine Seltenheit, daß der Abt persönlich sich 24 Stunden lang mit dem Schnitt eines einzigen Kleides beschäftigt: Cristobal Balenciaga ist ein Besessener der Perfektion. Daß Balenciaga jede Art von Massenanfertigung ablehnt, versteht sich von selbst. Seine Kollektionen entwirft er für spanische Adelige, die Familienmitglieder des Diktators Franco, für Königin Fabiola von Belgien, auch sie eine Spanierin. Antonio Castillo, der für die Lanvin-Kollektionen verantwortlich ist, sagt: „Die reichen Frauen pilgern zu Balenciaga, nicht um Kollektionen zu sehen, sondern um Andacht zu halten“. Seinen Gläubigen gewährt er huldvoll zwei Düfte: „Le Dix“, 1947 komponiert, und, ein Jahr später, „Quadrille“. Beide sind ledrige Chypredüfte, vielleicht eine Hommage an das ewig stabile und für immer duftende Material Leder? Erst nach 1945 läßt Balenciaga auch Einkäufer der Konfektionshäuser in sein „Kloster“. Der hoffärtige Individualist hat erkannt, daß ein Überleben der Haute Couture nur in Verbindung mit der Konfektion, der Nivellierung, noch möglich ist. Doch da ist es schon fast zu spät. Sein restriktiver Stil stirbt am Überdruß... auch wenn er ihn nur für die Auserwählten zelebriert hat.

1948. Zur Olympiade in London treten mehr als 5000 Sportler an und brechen unzählige Weltrekorde. Joe Louis, der „Braune Bomber“ dankt ab, nachdem er seit 1937 fünfundzwanzigmal seinen Weltmeistertitel erfolgreich verteidigt hat. In Amerika gibt es jetzt 750 000 Fernsehempfänger, in Schweden werden aus 151 künstlichen Befruchtungen 23 Kinder geboren. Israel wird als jüdischer Staat in Palästina gegründet, Mahatma Gandhi, der friedliche Kämpfer für die indische Unabhängigkeit, stirbt durch das Attentat eines Hindu-Brahmanen. Juliana wird Königin der Niederlande, die Frankfurter Allgemeine Zeitung erscheint wieder und setzt die Tradition der liberal-konservativen „Frankfurter Zeitung“ fort.

Der stolze Spanier Cristobal Balenciaga gewährt seinen auserwählten Kundinnen 1949 „Le Dix".

„L'Air du temps", 1949 geschaffen, weht bis heute durch die Zeit.
Der würzige, blumige Duft der Designerin Nina Ricci ist einer der erfolgreichsten Longseller der Welt.

1932 gründet Nina Ricci, eine italienische Schneiderin, in Paris ihren ersten Haute Couture Salon.

Bis auf den heutigen Tag wird alle zwei Minuten ein Duft verkauft, der im Jahr 1948 seinen Siegeszug beginnt. Es ist „L'Air du Temps", das Vermächtnis der italienischen Designerin Nina Ricci, das sie unsterblich machen wird. „L'Air du Temps" ist jung, romantisch, sensibel und mit seinem Bouquet aus Blumen und Gewürzen einer wilden Sommerwiese ähnlich. Zwei schnäbelnde Tauben haben sich auf dem graziös geschwungenen Flakon niedergelassen, so lebendig wie der Duft wirken sie, den sie wie ein Junges im Nest bewachen. Ninas Sohn Robert Ricci entwirft den großen Klassiker unter den Flakons, der zum Symbol spielerisch-harmonischer Gestaltung wird.

Robert ist es auch, der seine früh verwitwete Mutter dazu überredet, sich selbständig zu machen. Er übernimmt die kaufmännische Leitung, sie prägt die schöpferische Linie. Frische, schmeichelnde Eleganz mit einem Schuß Romantik, der zur Jugendlichkeit der Trägerin – in den vierziger Jahren ist es meist die Frau aus dem Großbürgertum, heute in erster Linie die reiche Orientalin – beiträgt. Nina Ricci ist eine „Architektin" der Mode. Sie weiß, wie farblose Fassaden zu restaurieren und ins rechte Licht zu rücken sind, sie formt aus weiblichen Silhouetten leichte, lebenslustige und bunte Skulpturen. Bis heute vertreibt das Haus Nina Ricci – die Baumeisterin der Schönheit selbst stirbt 1970 im Alter von 87 Jahren – über 30 Produktlinien: Koffer und Taschen, Bettwäsche, Modeschmuck, Accessoires, Herren- und Damendüfte, Schals und Schuhe... Und bis heute krönt das Taubenpaar von „L'Air du Temps" das Imperium, das Nina Ricci für alle geschaffen hat, die unter dem Zeichen der Fröhlichkeit geboren wurden.

Nina Ricci ist eine Architektin der Mode...

...Sie überzeugt mit einer frischen, weiblichen und jungen Linie, die den Charme der Frau ins rechte Licht rückt.

Wirtschaftswunder

Rechtzeitig zum Weihnachtsfest erscheint im Dezember 1953 das Brevier „Die Moderne Frau". „Worauf Männer achten", die aktuelle In- und Out-Liste zur Erhaltung des ehelichen Friedens, liest sich darin so: „Den Männern mißfällt: die verrutschte Strumpfnaht; die Lockenwickler als Schlafbegleiter; die Frage nach der Zigarette; die ewige Unterbrechung: „Woran denkst du, Liebling?"; niedliche Anreden in Gegenwart anderer; die Frage: „Was soll ich anziehen?"; der Strumpfgürtel im Ohrensessel. Den Männern gefällt: eine Flasche Bier in der Speisekammer; verständnisvolle Nachsicht bei Unpünktlichkeit; das Saubermachen, wenn sie nicht zu Hause sind; ein hübsches Kleid im Alltag; gelegentliche Alleinhandlung der Herzdame (Kinobesuch)".

Geschenkempfehlungen, die so richtig Freude machen, gibt Anfang der 50er Jahre die „Elegante Welt": Für die Gattin und Mutter: Ein Abendtäschchen, eine Zimmerpflanze oder ein Kanarienvogel. Das Parfum „Tosca" von 4711; ein Sparkontobuch. Für den Mann: eine Hausjacke für Leseabende; ein Sofa fürs Büro; keine Krawatte. Für die Hausangestellte: Auswahl an 50 Pfennig Romanen; ein Kochbuch; eine Blechbüchse mit nicht verderblichen Süßigkeiten; ein Nähkästchen.

Hoffnungslos spießig mögen die gutgemeinten Ratschläge heute erscheinen, die uns so plastisch die verklemmte Moral von damals vor Augen führen. Auch staunen wir vielleicht über die kitschigen Schmerz- und Herzdramen, die sich vornehmlich in Berghütten und degenerierten Adelsgeschlechtern abspielen, überall die Wilderer, jungfräulichen Baronessen und schwarzen Schafe, die sich durch die im Dutzend produzierten Heimatfilme lieben und hassen.

Wahrscheinlich wirkt auch der sonderbare Einrichtungsgeschmack – die massive Musiktruhe als zentrales Renommierstück, die Tütenlampe und der Nierentisch mit Nippes – antiquierter auf uns als der 50 Jahre ältere Jugendstil.

Trotzdem sind die fünfziger Jahre eine Zeit des Aufbruchs. Hinter der Fassade wohlanständiger Bürgerlichkeit probiert die Jugend vorsichtig den Aufstand gegen die muffige Wirtschaftswunder-Kultur ihrer Eltern. Der weibliche Teenager schwebt zwar noch im Petticoat zum Rendezvous oder zum Debütantinnenball, doch James Dean fordert bereits cool und gereizt in „East of Eden" die Konventionen heraus, auf denen das Nachkriegseuropa wohlerzogen Platz genommen hatte: Gehorsam, Pflichterfüllung, Fleiß, materieller Erfolg. Und wenn Elvis „the pelvis" sein Haar zurückklatscht, die Hüften schwingt und die Lippen öffnet, fallen wohlbehütete Töchter reihenweise in Ohnmacht oder brechen in orgiastische Schreikrämpfe aus. Die Jeans wird zur rebellisch eingefärbten Ikone einer Generation, die zum ersten Mal die Vorschriften ihrer Eltern mißachtet.

Das Symbol für unbeschwerten Teenager-Spaß ist – auf der Leinwand wie im richtigen Leben – Anfang der fünfziger Jahre die Vespa.

Audrey Hepburn in Givenchy. Seit die rehäugige belgische Schauspielerin bei Tiffanys frühstückte, sind die beiden ein fest verbandeltes Medienpaar.

Hubert de Givenchy. Der feinsinnige Aristokrat schafft raffinierte Eleganz für alle Lebenslagen.

Busenstars sind zu Anfang der 50er Jahre das non plus ultra. Sophia Loren, Gina Lollobrigida, Jane Mansfield und Marilyn Monroe kurven durch die Glanz- und Glamour-Welt der Schickeria und verkörpern mehr oder weniger unverhüllt den Traum vom ewig weiblichen Dummchen, das das Herz auf dem rechten Fleck hat und den Kopf irgendwo anders. Bis der Regisseur Billy Wilder das totale Gegenteil mit der Hauptrolle für seinen Film „Sabrina" besetzt. Es ist Audrey Hepburn, eine grazile, charmante Belgierin, eine Klassefrau, die spontan alle Herzen erobert und mit ihrem mädchenhaften Charme die abgegriffenen Oberweiten aus dem Rennen schmeißt. Billy Wilder schickt seine Neuentdeckung zu Hubert de Givenchy, dem, wie er richtig vermutet, „Alter ego" der pfiffig-unschuldigen Schauspielerin. Beide zusammen machen den Ballerina-Look populär: das Haar fest im Nacken verknotet, die Füße in flachen Schuhen leicht auswärts gestellt, der Körper locker umspielt von einem sich nach oben verjüngenden Kleid; genannt die A-Linie. Der adlige Riese Givenchy – er ist über zwei Meter groß – und sein Frühstück Audrey werden zu einem fest verbandelten Medienpaar, „Audrey Hepburn in Givenchy", der Meister und die unantastbare Botschafterin seiner Mode bilden eine kongeniale Verbindung. Für seine Muse entwirft Hubert de Givenchy 1957 den Duft „L'Interdit", elegant und originell wie das Vorbild, das ihn zu der aldehydisch-blumigen Komposition anregt.

„L'Interdit", Givenchys Duftinspiration von 1957, ist seiner Muse Audrey Hepburn gewidmet.

Givenchy einst...

...und heute.

Èmile HERMÈS

Jean-René GUERRAND

Jean-Louis DUMAS-HERMÈS

Edmond ROUDNITSKA

Frühjahr 1949. Schauplatz: die Hügel von Grasse, wo der Jasmin blüht und duftende Lavendelfelder die Landschaft mit der Farbe Lila überziehen. Drei Herren treffen sich, um gemeinsam das Konzept für das erste „universelle" Duftwasser zu erarbeiten: der weltberühmte Parfumeur Edmond Roudnitska, der Gründer des Hauses Hermès, Emile Hermès, und sein Schwiegersohn Jean Guerrand. Die Herren haben hochgesteckte Ziele. Ein Hautparfum soll komponiert werden, das „in einer ununterbrochenen Kette von Duftaussagen die Gefühle seines Trägers widerspiegelt, ob er nun männlich oder weiblich ist... ein Parfum, das ebenso umfassend wie zeitlos ist". Zwei Jahre dauert es, bis die Komposition endlich vollendet ist: im Jahr 1951 wird „Eau d'Hermès", nach allen Regeln der Parfumkunst inszeniert, der Öffentlichkeit vorgestellt. Mit welcher Sorgfalt und Subtilität das Triumvirat seinen Anspruch an den allgemeingültigen Duft realisiert hat! Aus den lauten und manchmal dissonanten Gerüchen, die uns aus zeitgenössischen Duftgroßküchen entgegen wehen, stecken wir unsere Nase einmal in die Rezeptur des „schönen Wassers" Eau d'Hermès: Bergamotte-Essenz mit ihrem blumig-fruchtigen Aroma wird mit einer Spur Zitrone erfrischt, Kardamom und Lavendel vermischen sich darin und bilden den Auftakt für das Zu-

... für eine Frau, die das kunstvoll komponierte Duftwasser wie eine zweite Haut tragen möchte.

„Eau d'Hermès" aus dem Jahr 1951: rein, subtil, überraschend und kühn. Ein umfassender und zeitloser Duft...

„Calèche" – der Inbegriff von duftendem „savoir vivre".

sammenspiel der Gewürze: Koriander, Kümmel, Anis und Gewürznelke. Über ihnen jubelt der Chor der Blumen, Jasmin, Bourbon Geranie und Vanille, Sandelholz, Zeder und Moose halten das Tempo, ihnen folgt die treue Eskorte der animalischen Ledernoten Zibet, Castoreum und verbranntes Birkenholz. Doch ein Rest von Unerklärlichem bleibt immer, oder, wie Roudnitska es formuliert: „Man muß darauf achten, daß man bei der Beschreibung eines Duftes nicht allzu exakt sein will". Denn zwischen Herznote und Fond, zwischen Himmel und Erde liegt das Geheimnis, das präzise zu beschreiben unmöglich ist.

Zeit des Aufbruchs. Mit dem rundlichen Modell „Aurelia" von Lancia geht man besonders gepflegt auf die Reise.

Die fünfziger Jahre sind eine Zeit der Erneuerung, der Erfindung, der Demokratie. Auf allen Gebieten – Architektur, Literatur, Kunst, Musik und Design – wird experimentiert, nach neuen Formen und Ausdrucksmöglichkeiten gesucht.

Ein Volk, das 20 Jahre Faschismus hinter sich hat, stürzt sich mit besonderem Schwung auf die Freiheit: es sind die Italiener. Zwar hatten sie nie aufgehört, ihre Ideen von Ästhetik und Lebensfreude an der Macht im eigenen Land vorbeizuschmuggeln, doch nun entlädt sich das mediterrane Talent für die Gestaltung des Lebens in all seinen Facetten über ganz Europa. Der „italienische Stil", sprich die Modernität, der Geschmack, das Farbengefühl, die Flexibilität, überspringt mit rasantem Tempo den eigenen Schatten.

In der Automobilindustrie geben die Italiener dem motorisierten Vehikel neue Formen und Inhalte. 1954 präsentiert Alfa Romeo das Modell „Giulietta", ein hinreißend schönes Sport-Coupé, das mehr als 100.000 mal verkauft wird. Ferrari schickt seine temperamentvollen Vollblüter ins Rennen, Lancia entläßt „Aurelia", einen modernen und komfortablen Mittelklassewagen aus seinen heiligen Hallen, der die erste große Tourismuswelle einleitet. Designer wie Pinin Farina, Bertone, Ghia geben dem technischen Innenleben das chromblitzende Gesicht. Ihr ästhetischer Einfluß wird so stark, daß Ende der fünfziger Jahre die meisten großen Firmen nach ihnen rufen – Fiat, Peugeot, Triumph, die British Motors Corporation –, um ihre Modelle rundum erneuern zu lassen. Neben stromlinienförmigen Prestigekarossen gibt es jetzt winzige und preiswerte Gefährte für den Stadtverkehr: die Isetta z. B., den Fiat 500 oder natürlich die Vespa, das Symbol für Hoola-Hoop-bereiften Teenagerspaß.

Auch die Gebrauchskunst profitiert vom italienischen Erfindungsreichtum. Gio Ponti entwirft superleichte Stühle, Paolo Venini schillernd bunte Glasvasen, Carlo Mollino und Ettore Sottsass gestalten mit ihren avantgardistischen Möbeln die Klassische Moderne von morgen.

Die turbulenten Sechziger

Italien geht an den Modestart. Zuerst fährt der „Rolls Royce" unter den südeuropäischen Modeschöpfern vor: Valentino Garavani, ein stolzer, eleganter Römer, eine Krone der Schöpfung. Von der Sonne verwöhnt und von seinen Eltern gefördert und geliebt, widmet er sein Leben der Schönheit. Nach einigen Lehrjahren in Paris – immer noch ist die französische Metropole die höchste Instanz – kehrt der junge Modeschöpfer 1959 nach Rom zurück und eröffnet ein kleines Atelier in der Via Condotti.

Ihm gehört die Macht der Schönheit: Valentino Garavani

Als er, mitten im psychedelischen Farbenrausch der 60er Jahre, seine „weiße" Kollektion präsentiert, nennt die Presse das „eine aristokratische Blässe wie von langer Inzucht". Sand, Creme, Kreide, Natur - gegen pink, op und pop, Valentino pfeift auf den Zeitgeist. Mit vornehmer Zurückhaltung beobachtet er die Exzesse seiner Epoche, ohne daß sie ihn berühren können. Alles, was er macht, ist purer Luxus.

Valentino gönnt sich und seinen auserwählten Kundinnen – zu ihnen zählen Jackie Kennedy, die Kaiserin von Persien und Liz Taylor – als erster italienischer Couturier ein Parfum. Es duftet nach alten Gärten, nach rosenumrankten Mauern, nach den gebrannten Erdtönen seiner Heimat. Es distanziert seine Trägerin von der Vulgarität der modernen Zeiten. Es schmückt ihre noble Erscheinung mit dem Namen, den sie cashmereleicht auf ihrer Haut trägt: Valentino. Er sei der einzige italienische Designer, den er kenne, hat Pierre Berger einmal über Valentino gesagt.

Er ist tatsächlich vielleicht der einzige, der aus der Kunst der Haute Couture die Alta Moda ins Leben gerufen hat.

Valentino ist der erste italienische Couturier, der seine Kundinnen in maßgeschneiderte Duftkleider hüllt.

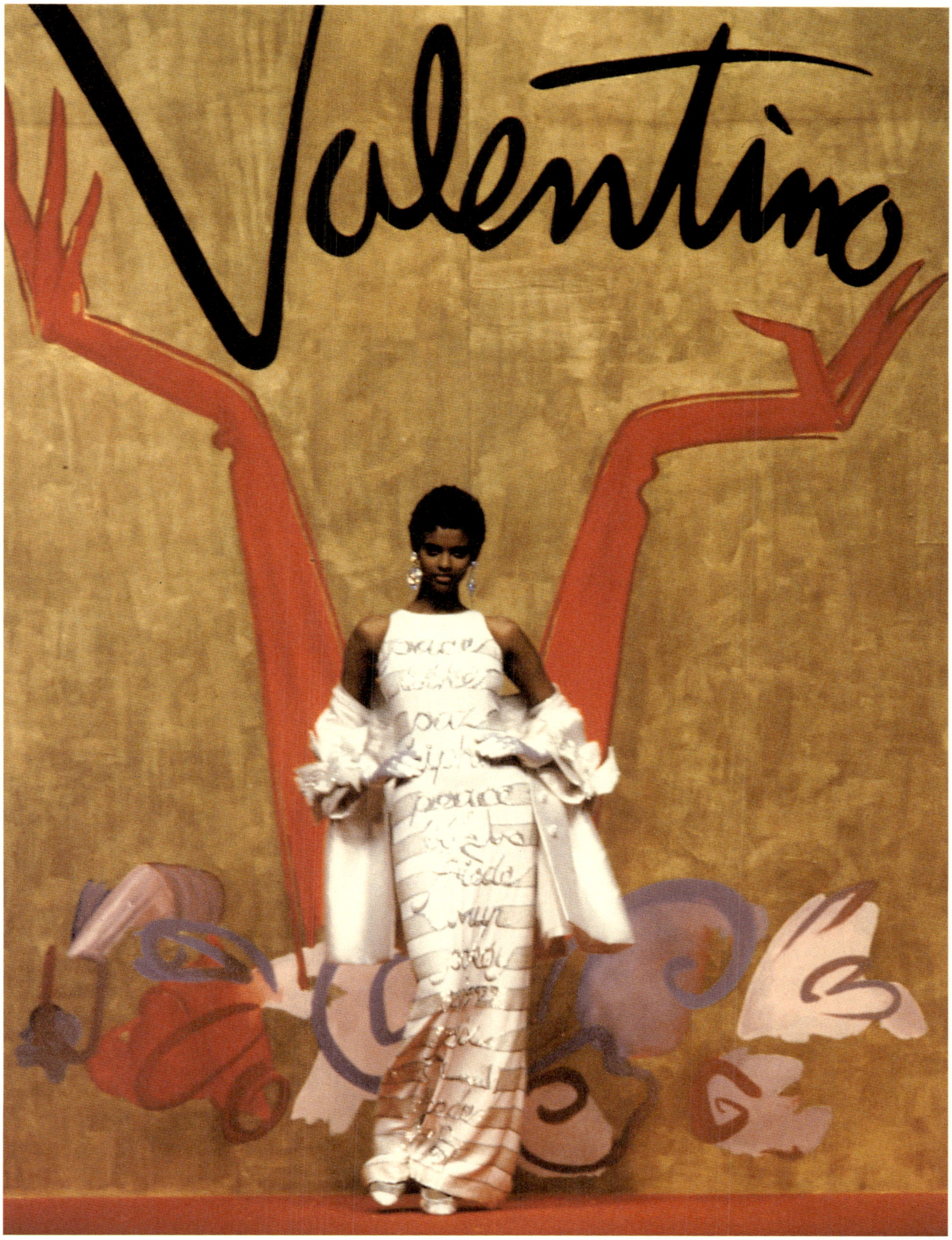

Die Frau in ihrer ganzen Pracht.
Valentino macht Mode für Königinnen, die über das Reich der Phantasie herrschen.

Verlassen wir die stille Oase Valentinos, sie liegt inmitten wüster Turbulenzen. Die 60er Jahre sind keine gute Zeit für Modezaren. Autorität gilt wenig, Individualität ist Triumph. Die „baby-boomers", geboren in den wirren Nachkriegsjahren und herangewachsen in nie gekanntem Wohlstand, werden erwachsen. In Frankreich ist Mitte der sechziger Jahre ein Drittel der Bevölkerung unter 20, in Amerika ist es gar die Hälfte. Diese Gruppe hat Geld und weiß, für was sie es ausgeben will. Eine Umfrage der Zeitschrift „House Beautiful" kommt zu diesen Resultaten: Porzellan und Tischwäsche rangieren ganz unten auf der Interessenskala von Oberschülerinnen. Der Umfang und Inhalt ihrer Aussteuer ist ihnen gänzlich egal. Stattdessen geben sie ihr Geld für Reisen, Schallplatten, Hifi-Geräte und, vor allem, für Kleidung aus. Die amerikanischen Teenager investieren 1965 dreieinhalb Milliarden Dollar in ihre Outfits. Paris diktiert dieser Gruppe nicht mehr, was sie anzuziehen hat.

Das Credo der Jugend, „Bewußtsein III", wie Charles Reich es nennt, beginnt mit „Ich". In den Basaren von Casablanca und Katmandu suche ich den Kaftan und die bestickte Spiegelweste, auf dem Speicher finde ich Großmutters Krinolinen und ihre randlose Brille, meinem Vater klaue ich den Flanellblazer aus den dreißiger Jahren und trage ihn zum Minirock. Ich stecke mir Blumen ins hennarote Haar, ich mache Liebe, nicht Krieg, ich finde, daß schwarz schön ist, ich protestiere gegen den Muff von tausend Jahren, ich traue keinem über dreißig und schlafe, mit wem ich will. Ein normales Parfum zu diesem radikalen „Ich"? Unmöglich! Das Gebot der Stunde ist Weihrauch, sind Räucherstäbchen und süßliche Haschischschwaden: Gerüche, die Autoritäten in Frage stellen.

1963 bekennt sich Präsident Kennedy vor dem Schöneberger Rathaus zur geteilten Stadt: „Ich bin ein Berliner", am 22. November wird er auf einer Fahrt durch Dallas ermordet. Chruschtschow besucht Ostberlin und sagt „Die Mauer gefällt mir". Martin Luther King erhält den Friedensnobelpreis. Das soziale und politische Engagement der Jugend manifestiert sich in endlosen Demonstrationen – gegen den Vietnamkrieg, gegen den Schah, gegen die Erhöhung der Straßenbahnpreise, gegen den Büstenhalter, gegen die Einehe, für die antiautoritäre Erziehung, für die Legalisierung von Drogen, für die Anarchie.

Die Musikszene mit den pilzköpfigen Beatles, dem aggressiven Sex der Rolling Stones oder der exzessiven Genialität Janis Joplins wird zur modischen Showbühne für jeden einzelnen namenlosen Selbstdarsteller. „Was zieht Ihr zu Janis' Konzert an?", fragt die Manhattaner Boutique Abracadabra 1969 in der „Village Voice" und gibt 50 Empfehlungen, von „Samthosen im Gauchostil" über „riesige Fransentücher" bis „hautenge Kleider aus Schlangenleder".

Der barbarischen Energie, mit der haarige Hippies und rebellische Rädelsführer alle Traditionen brechen, können sich auch die etablierten Designer nicht entziehen. Wer nicht auf der Strecke bleiben will – wie etwa Balenciaga, der sein Haus 1968 schließen muß –, versucht, auf die Trends aufzuspringen, die auf der Carnaby Street, der Kings Road, in den Arbeitervierteln Liverpools und an den Stränden der Westküste gemacht werden. André Courrèges bringt durchsichtige Plastikkleider auf den experimentierfreudigen Markt, Yves Saint Laurent kleidet seine Modelle in weiße Baby-Doll-Hänger, Paco Rabanne entwirft metallene „hardware“, knarrende Kettenhemden für eiserne Ladies. Die Düfte zur Mode sind so vielfältig wie die Mode selbst: Courrèges' „Empreinte“ bestäubt die an den wesentlichen Stellen plazierten Plastikblumen mit einem Hauch von Natürlichkeit, Yves Saint Laurent gibt seiner Vision von der Kindfrau den grünen Duft „Y“ an die Hand, Paco Rabannes „Calandre“ strömt schwerblütig durch die geharnischten Rüstungen.

Der zweite Italiener, der mit seinem Stil in den 60er Jahren Modegeschichte macht, ist Emilio Pucci. Anders als der elitäre Valentino stürzt sich der florentinische Aristokrat mit voller Designerseele ins Getriebe. Er bringt mit seinen farbenfrohen Phantasiedrucken, die auf leichten und bequemen Seidenstoffen leuchten, eine gemäßigte Alternative ins modische Chaos.

Emilio Pucci bringt eine fröhliche Alternative ins modische Chaos der 60er Jahre: seine Visitenkarte sind bunte Phantasiedrucke. Sie leuchten auf hauchzarten Seidenstoffen, Strümpfen und Tüchern und duften nach „Vivara“, einem grünen, temperamentvollen Chypre-Parfum.

Er erhört die Frau, der der Minirock zu kurz, das Baby-Doll-Kleid zu kindisch und der präraffaelitische Fetzenlook Londoner Basare zu extrem ist. Sie dankt es ihm mit treuer Gefolgschaft und komplettiert den legendären Pucci-Look mit „Vivara“, einem grünen Chypre-Duft, der sie zu einer lebendigen, fröhlichen Optimistin macht, die das Risiko liebt, ohne es bis zum Letzten auszureizen. Immer wieder wird der Tod der Haute Couture und der Haute Parfumerie beschworen, und zweifellos mutiert der maßschneidernde Modeschöpfer, der seine Kreationen mit einem individuell komponierten Duft bereichert, in den 60er Jahren zum Designer, der sich an Trends orientieren muß, die er nicht mehr selbst in Gang setzen kann. Und dennoch: manche sind ihrer Zeit immer ein bißchen voraus...

Durch und durch französisch. Guy Laroche zieht Frauen an, die Männern gefallen wollen.

„Mein Vorsatz ist, die Haute Couture der Realität anzupassen, ihr die überspannte Exzentrik zu nehmen". Guy Laroche.

„Ich möchte Kleider machen, die singen, Kostüme, die mit dem Regenbogen spielen, Mäntel, die Lichtflecken auf die Champs Elysées malen... New York hat mir die Melodien zu diesem Farbenwalzer eingeflüstert". Guy Laroche, der pariserischste aller Modeschöpfer, lernt in Amerika, wie der ehrwürdigen Haute Couture ins Handwerk zu pfuschen ist, ohne ihr die Poesie zu nehmen. Er bedient sich neuer Prêt-à-porter-Techniken, er entwirft farbenfrohe, vielseitige, erschwingliche Konfektion und gibt ihr mit leichter Hand den pariserischen Schick, von dem die Normalverbraucherin bisher nur träumen konnte. „Der Mann ist für den Erfolg geboren", jubelt Ende der sechziger Jahre die Times, „seine Mode ist jung und lustig, und er vergißt niemals die natürlichen Proportionen der Frauen..." Exzentrik und Manierismus sind Guy Laroches Sache nicht: „Wenn man mich einordnen würde, könnte man sagen, daß ich ein Modeschöpfer bin, der tragbare Mode entwirft. Im Gegensatz zu der Mode, die gemacht wird, aber nicht getragen werden kann". 1966 kreiert der Frauenliebling unter dem Motto „Die Frau ist eine Insel" den Duft „Fidji", einen der großen Parfumklassiker unseres Jahrhunderts. „Fidji" ist blumig und zart, zurückhaltend und voller natürlicher Lebensfreude – nichts weniger als spektakulär oder aggressiv.
Mögen Guy Laroches Mode und sein Duft in der Zeit seiner Entstehung auch distanziert und einfach wirken – beide zusammen signalisieren eine Zukunft, in der die Besinnung auf klare Linien das Chaos der 60er Jahre ablösen wird.

„Die Frau ist eine Insel – Fidji ist ihr Parfum". Mehr als 80 Millionen Frauen haben sich seit 1966 von dieser Botschaft überzeugen lassen.

Jedem das Seine

Die Vereinten Nationen erklären 1975 zum Jahr der Frau. Margret Thatcher wird Vorsitzende der britischen Konservativen. Die Japanerin Junko Tabei besteigt als erste Frau den Mount Everest. Deutschland ändert das Ehenamenrecht im Sinne der Gleichberechtigung. Die letzte europäische Zylinderhutfabrik schließt ihre Pforten.

Die Metamorphose vom Couturier zum Designer, die in den 60er Jahren ihren Anfang genommen hat, erfordert neue Strategien der Verführung. Nach op und pop, Twiggy und den Beatles, Flower power und Vietnam kann es keine Geschmacksdiktate mehr geben, und seien sie noch so raffiniert verpackt. Jede Frau nimmt sich jetzt die Freiheit, zu wählen, was am ehesten ihrem Typ und ihrem Image entspricht – das gilt für die Welt der Mode ebenso wie für die Welt des Parfums. Die Aufgabe der Designer ist es nicht mehr, einen Stil zu diktieren, sondern in gute Form umzusetzen, zu perfektionieren und mit ihrem Label zu adeln, was Trendsetter auf der ganzen Welt an Ideen produzieren.

Ralph Lauren – die Inkarnation von Freiheit und Abenteuer

Zum größten Konkurrenten für die französische Luxusindustrie wird der Newcomer im Geschäft mit der Schönheit: Amerika.

Designer wie Geoffrey Beene, Halston, Ralph Lauren oder Calvin Klein erfüllen nicht nur die tausenderlei Wünsche ihrer Kundinnen nach Originalität, Eleganz oder Emanzipation. Die Amerikaner haben auch erkannt, daß der Duft in dieser Zeit unvorhersehbarer und sich immer schneller ablösender Trends der beste und stabilste Werbeträger für ihre Namen ist.

Ralph Lauren beschert der westlichen Welt den amerikanischen Traum von Freiheit und Abenteuer. Er entwirft lebende Bilder, die Erinnerungen an Kolonialzeiten heraufbeschwören, er inszeniert Geschichten von Reisen in ferne Länder, er schafft eine Atmosphäre mit „Happy End".

1967 präsentiert er sportgestählten Männern mit einem Hang zur Nostalgie die Polo-Kollektion. Er zeigt Krawatten, die fast zweimal so breit sind wie die damals üblichen, karierte Shorts aus Madras-Seide und von klassischen Vorbildern inspirierte Reit- und Baseballjacken. 1971 kommt Ralph Lau-

Lifestyle im Stil von Ralph Lauren: Romantik, Wärme und neuinterpretierte Nostalgie

rens erste Damenkollektion auf den Markt: sie basiert auf Herrenkleidung - Hosen mit Bügelfalten, gestreiften Hemden, Röcke aus Foulards, wetterfeste Tweedjacken – und assoziiert das Bild der androgyn-platonischen Kumpanin, die stets zum Pferdestehlen bereit ist. Seine Anleihen an Cowboy- und Indianermoden, an frühe amerikanische Patchwork- und Kiltarbeiten oder an die Traditionen von Navajo-Webereien machen Ralph Lauren zum amerikanischsten aller Designer.

Wer zu Ralph Laurens Kunden gehört, identifiziert sich immer auch mit dem positiven Lebensgefühl, das er mit einem umwerfenden Country-Charme versprüht. Sei aktiv, unabhängig, selbstbewußt und fröhlich – die Message aus seiner Welt ist unüberhörbar. Ralph Lauren bündelt die Schallwellen in seinem Duft „Lauren", der 1978 auf den Markt kommt. „Lauren" ist frisch von Zitronen und Orangen, herb von würzigem Moos und Zedernholz und die Inkarnation einer Idee, die auf Geradlinigkeit und Gesundheit baut.

Ralph Laurens Parfum „Safari", 1990 lanciert, erzählt Märchen aus Kolonialzeiten.

Calvin Klein bringt zur gleichen Zeit unter seinem Namen einen grünen Duft auf den Markt, und Halston bewirbt sich selbst schon seit zwei Jahren erfolgreich um die Nummer eins auf dem Frische-Sektor der Duftpalette. Frankreich muß sich etwas einfallen lassen.

1975 entstanden: ein frisches, blumiges Parfum, signiert von Amerikas Darling „Halston".

Der Couturier-Designer Yves Saint Laurent holt zum Gegenschlag aus: „Opium" heißt das Zauberparfum, mit dem Frankreich sein bröckelndes Imperium zusammenhalten will. Obwohl in Frankreich konzipiert, peilt „Opium" von Anfang an den amerikanischen Markt an. In den ersten vier Monaten nach seinem Debut 1977 spielt der provozierende Duft im Land der unbegrenzten Möglichkeiten mehr als drei Millionen Dollar ein.

„Für die Frau, die wieder Weib sein will", „für die Frau, die süchtig nach Saint Laurent ist," entwickelt der geniale Innovateur ein Duftkonzept, das sein Prestige und das seiner Mode in himmlische Höhen befördert. Der Name „Opium" wird von vielen als skandalös angesehen – als Verherrlichung von Drogen – und der Preis als kriminell – 50 Milliliter kosten fast 150 Mark. Doch „Opium" wirkt in den nüchternen modernen Zeiten wie ein Elixier aus brennender, entfesselter Leidenschaft. Man nehme: Nelken, Koriander und Pfeffer, dazu ein paar Rosen, Maiglöckchen und Jasminblüten, würze sie mit Labdanum, Myrrhe, Siam, Benzoe, Opoponax, Zedern- und Sandelholz und streue darüber einen Hauch von Castoreum: schon ist man in einer Welt voller

Stets ist er seiner Zeit ein wenig voraus.
Yves-Saint-Laurent-Modell aus den siebziger Jahren.

Mystik, Magie und Ekstase. Und die Botschaft, die Saint Laurent mit dem neuartigen, strengen Duft, dem einer intarsienverzierten, japanischen Dose nachempfundenen Flakon und dem schockierenden Namen transportiert, verkörpert das „Opium"-Modell: Eine laszive Schönheit räkelt sich auf einem reich geschmückten Divan und gibt sich mit geschlossenen Augen dem Duftrausch hin. Wer würde ihr nicht freiwillig in ihre verzauberte Welt folgen? Gerade wenn die Realität Emotionen zu ersticken droht, blüht die Lust auf neue Geheimnisse.

„Opium" bricht bei seiner Einführung 1977 alle Rekorde. Mit seinem provozierenden Namen und einer starken Werbekampagne verankert Yves Saint Laurent den unverhüllt erotischen Duft zutiefst im Reich der Emotionen.

Niemals zuvor war das Bedürfnis so groß, sich selbst und seine Umgebung zu „beduften". Vielleicht hat die Hippiekultur mit ihren Räucherstäbchen und Weihrauchschwaden das Terrain für die Duftexplosion geebnet. Auf jeden Fall strömen die Düfte in alle Bereiche des Lebens. Potpourries, duftende Kerzen und Raumsprays versprechen Wohlbehagen, wo bisher Farben oder Dekorationselemente die Atmosphäre eines Raumes allein bestimmten. Botaniker züchten wieder duftende Blumen, die Industrie reagiert auf das geschärfte Geruchsbewußtsein mit frisch desodorierten Waschmitteln, nach Salmiak stinkenden Dreck-Killern oder Möbelpolituren, die wie ein alter Jaguar riechen. Natürlich ist dieser expandierende Markt ein Schlaraffenland für erfolgreiche Modeschöpfer jeder Couleur. Die vielversprechende Kombination Optik und Olfaktorik stützt und beflügelt sich gegenseitig. Bis zu 70 Prozent des Umsatzes eines Modehauses geht jetzt auf das Konto seligmachender Düfte.

Der erste Schritt auf dem langen Weg zur Haute Couture...

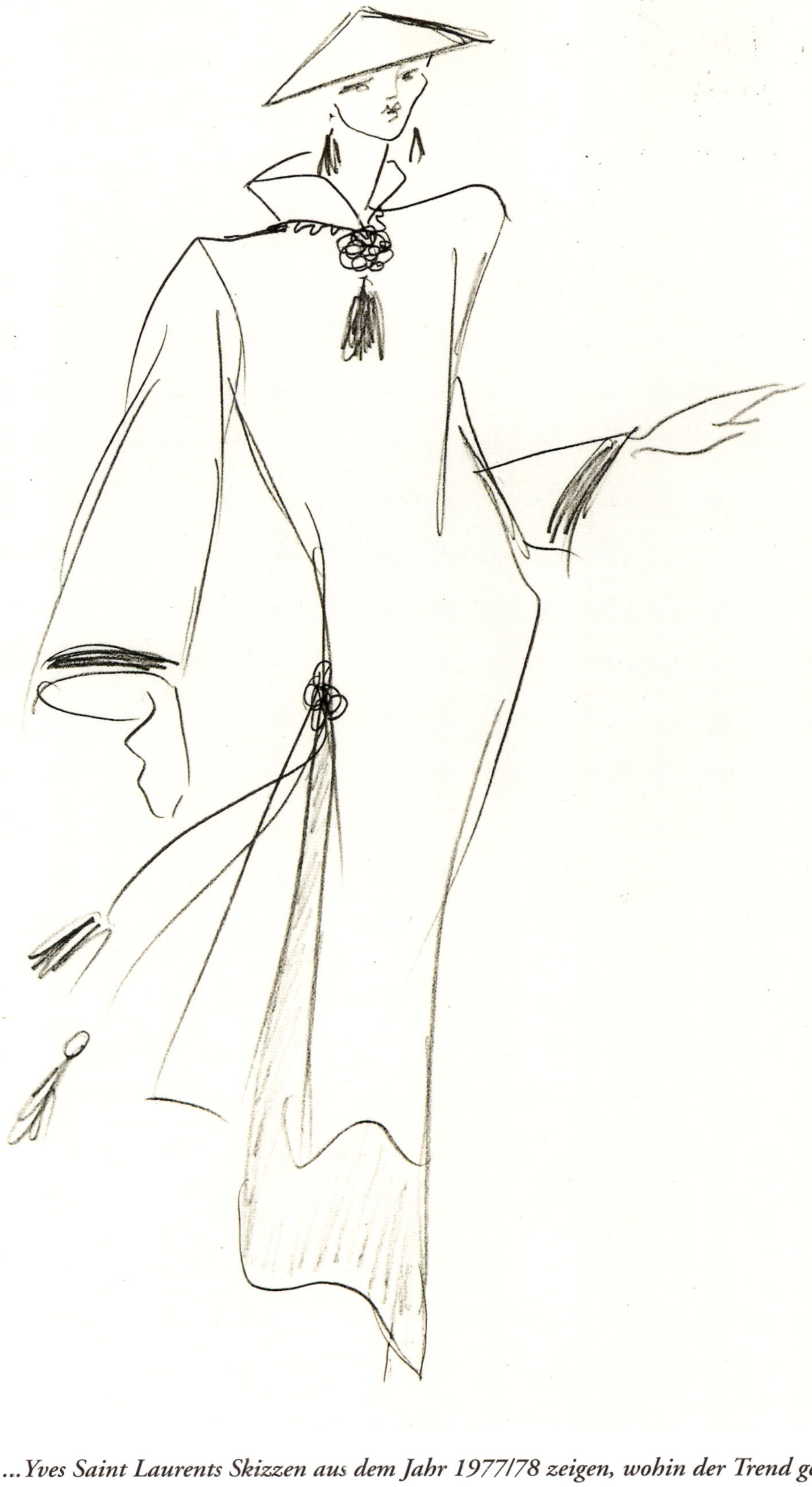

...Yves Saint Laurents Skizzen aus dem Jahr 1977/78 zeigen, wohin der Trend geht.

„Der Duft ist da. Ich nenne ihn Chloé. Er ist mein Ruhmgesang an die Frau, eine persönliche Liebeserklärung". Karl Lagerfeld 1975.

Wie man in einem Kleid und dem dazu passenden Duft ganz und gar man selbst sein kann, propagiert 1975 Karl, der große Lagerfeld. „Meine Kleider und mein Parfum trägt man nicht, man erlebt sie, ist ein Teil von ihnen. Da ist eine wunderbare Harmonie zwischen Mensch, Seele, Ausstrahlung und Dress. Alles was ich entwerfe, muß an der Frau betrachtet werden. Alles folgt, umhüllt, schmeichelt dem Körper, verfeinert und erhöht ihn, so daß die Frau noch schöner, noch edler wird." Zu dieser Zeit ist der vielseitige Wunderknabe mit dem Haus Chloé liiert, und aus der glücklichen Ehe entsprießen Kreationen von so besonderer Leichtigkeit und solcher Anmut, daß die Vogue schwärmt: „Karl Lagerfeld ist wahrscheinlich der originellste Modeschöpfer von heute – die Mode unterwirft sich der Frau; seine Kleider sind modern und äußerst persönlich". Karl Lagerfeld macht den populären Trend der Siebziger, den „Layered Look" salonfähig, auf gut deutsch den „Schlabberlook". Er drapiert seidene Blusen um die Taille, wickelt Schals um Hüften und Hälse, dekoriert mit überdimensionalen Dreieckstüchern, und alles folgt weich und schmiegsam dem Körper.

Mit seinem Duft „Chloé" schafft Karl Lagerfeld des Körpers intimstes Kleid. „Chloé" ist eine feine Mischung aus Blüten und würzigen Essenzen, zutiefst weiblich – und unerschütterlich selbstbewußt.

Chloé, 1975 – des Körpers intimstes Kleid

Karl Lagerfeld der Große – er lädt die müde Welt der Haute Couture mit neuer Energie auf. Heute identifiziert man ihn mit dem Haus Chanel.

ALLES IST ERLAUBT

„Jeder Mensch ist mit seiner historischen Zeit identisch, als Individuum in einer anderen, früheren oder späteren, nicht vorstellbar; daher ist es nur ein Spiel, wenn einer sagt, er hätte lieber im 19. Jahrhundert gelebt als im späten zwanzigsten. Eine Trennung zwischen der Persönlichkeit und ihrer Zeit gehört in das Gebiet der Pathologie oder, schlichter, der Biologie: der ganz Junge weiß von seinem Schicksal noch nichts, der ganz Alte gibt auf, versteht die Welt nicht mehr. Jene in der Mitte des Lebens *müssen* sie verstehen, denn es ist ihre Welt und es gibt für sie keine andere". Das schreibt der Historiker Golo Mann 1986 in seinen Schlußbemerkungen zur Propyläen Weltgeschichte.

„Unsere" Welt dreht sich immer schneller. In früheren Zeiten wurde ein Trend mit einem Gegentrend beantwortet, löste eine Mode die andere ab, wurde jede Volte schön kreisrund ausgeritten, bevor man aus dem Zirkel wechselte. Nun passiert alles gleichzeitig: punkig-angehauchte Abendkleider werden auf High-Society-Bällen ebenso akzeptiert wie Rokoko-inspirierte, Leder und Taft, grün gefärbte Haare und Diademe führen eine friedliche Koexistenz. Blutjunge Streber scheffeln tonnenweise Geld, während ihre Väter auf schweren Motorrädern durch die Freizeit rasen, die Frau über 40 wird als schön entdeckt und junge Mädchen „cocoonen" vor dem Fernseher. „Die Zielgruppe" – sprich ihr an Einkommen, Ausbildung und Alter gemessenes Einkaufsverhalten – verhält sich unverschämt atypisch. Oder vielleicht doch nicht? „Jeder Mensch ist mit seiner historischer Zeit identisch..."

Und diese Zeit bietet nun mal tausendunddrei Möglichkeiten, sich in ihr auszuleben. Sie ist fröhlich und existenzialistisch, verspielt und nüchtern, schrill und nostalgisch, brutal und elegant.

Ein Heer von Marketing-Marionetten und Kunstfiguren tritt an, um die Gunst der Stunde auszunutzen. In millionenschweren Werbekampagnen wird um den großen unbekannten Konsumenten gebuhlt, mit immer spitzfindigeren Parolen von oft dürftigen Inhalten abgelenkt. Es ist fraglich, ob die mit Schlagworten und eilig zusammengepanschten Düften ausstaffierte Kompanie ihre Gegenwart überleben wird. Beschränken wir uns also auf die Mode- und Duftschöpfer, die mit ihren Ideen den Nerv der Zeit treffen und ihn damit in den Kreislauf von morgen einbetten.

Jil Sander, die blonde Kühle aus dem Norden, verkörpert den Frauentyp der Karrieristin. Sie macht Mode für Frauen, die so sind wie sie: selbstbewußt, nüchtern, emanzipiert. Wer sich ihrem Stil verschreibt, spielt nicht mit bei der radschlagenden und sich aufplusternden Balz um das andere Ge-

Jil Sander, eine Frau mit Kopf und Klasse.

Mode und Duft als Ausdruck eines Lebensstils: „Für Frauen, die lieber ihre Persönlichkeit tragen, als sich zu verkleiden".

schlecht. Sie reduziert ihre Modelle bis an die Armutsgrenze, sie signalisiert mit oft kopierten und nie erreichten Schnitt-Techniken, wer die Hosen anhat. Jil Sanders Frauen gebrauchen ihre Ellenbogen und ihren Kopf, sie zeigen unmißverständlich, daß sie alles erreicht haben, was sie sich vorgenommen haben. Das narzistische Lustgefühl, feinste Ware auf der Haut und anerkennende Blicke im Rücken zu spüren, steigert die konsequente Designerin 1980 mit ihrem Duft „Jil Sander". Er ist so frisch wie die ausgeschlafene Frau, die ihn trägt.

1980 gibt die Hanseatin ihrem Stil den richtigen Duft. Mit „Woman Pure" gelingt Jil Sander der größte Durchbruch auf dem deutschen Markt seit Yves Saint Laurent.

Giorgio Armanis Mode trägt das Siegel der Vollkommenheit. Er wird zum „König des Blazers“ gekrönt.

„Armani Le Parfum“ – die sinnliche Verständigung zwischen Mann und Frau.

Eine ähnliche Frau hat auch der Italiener Giorgio Armani im Kopf, der „König des Blazers“. Seine Heldin ist lässig und geschmacksicher, cool und distinguiert bis in die Fingerspitzen. 1975 stellt der inzwischen 30jährige – nach einem abgebrochenen Medizinstudium und einer gescheiterten Karriere als Fotograf – seine erste Damenkollektion vor. Einkäufer und Presse geraten in Verzückung: selten wurde elegante Schlichtheit so vollkommen auf die weiblichen Proportionen übertragen.
Mit „Armani Le Parfum“ – es erscheint 1982 – fängt der Mailänder die feminin-sachliche Ausstrahlung seiner Mode auf subtilste Weise ein. Der Flacon ist das Ergebnis langer Gespräche mit dem Designer Pierre Dinand, der auch die Formen für „Opium“ und „Calandre“ entworfen hat. Er verbindet architektonische Strenge und solide Kompaktheit, kombiniert poliertes mit mattem Glas, konstruiert eine klar gegliederte Hülle für einen mystischen Inhalt. 80 kostbare Essenzen vermischen sich zu dem, was Armani „die sinnliche Verständigung zwischen Mann und Frau“ nennt. Rosen aus dem Orient, ägyptischer Jasmin, Hyazinthen, Narzissen, Orangenblüten eilen der Armani-Frau voraus, Koriander, Basilikum und charakteristische Aldehyde lassen ihre Gegenwart spüren, Vanille, Patschuli, Sandelholz, Moschus und Zibet bleiben in der Luft, auch wenn sie schon gegangen ist.

Armanis Heldin ist lässig und geschmackssicher.

Kenzo Takada wird am 27. Februar 1939 in der japanischen Provinz Higogo geboren. Er wächst in einem Teehaus auf, das seinem Vater gehört.

Aus dem Land des Lächelns reist der Japaner Kenzo in den grauen, kalten Winter von Paris – um eine fröhliche Moderevolution anzuzetteln. Unter dem Label „Jungle Jap" eröffnet er 1970 seine erste Boutique. Die westliche Welt verliebt sich Hals über Kopf in sein spielerisch-heiteres Konzept, das die Blüten und Farben seiner Heimat besingt.

„Mit meiner Mode will ich die Freiheit des Geistes ausdrücken", sagt Kenzo, „Geist, in der Art sich zu kleiden, drückt sich in Unbefangenheit, Heiterkeit und Leichtigkeit aus". 1988 baut Kenzo „Die schwebende Brücke der Träume" - ein leichtes Duftgerüst, das östliche Traditionen und westliche Elemente umspannt. Die Schachtel ist grün. „Sie hat die Farbe eines klaren Baches, in dem ein grüner Zweig treibt. Der Zweig symbolisiert Weiblichkeit und Beständigkeit des Lebens". Und weil Kenzo Farbe mag - möglichst vom Kopf bis zu den Schuhen - charakterisiert er seinen Duft aus Orangenblüten und Gewürzen mit den Worten eines Malers: „Mein Parfum hat die Farbe des Sommerlichts in meiner Heimat, von Schnee, auf den die Abendsonne scheint..."

Kenzos Universum ist voller Poesie – und grenzenlos optimistisch – und Tausende von Frauen fühlen sich darin so wohl wie nie.

Kenzo – die schwebende Brücke der Träume

Frühlingsfrisch. Die Presse schreibt: „Kenzo ist der erste Japaner, der es wagt, mit der Kraft seiner eigenen Flügel in die Gärten der französischen Mode zu fliegen".

Auch andere Einladungen in Duftreiche finden ihr Publikum. 1983 bringt ein Altmeister der Haute Couture, Emanuel Ungaro, „Diva“ heraus, eine blumige Komposition, die mit ihrer mild-avantgardistischen Ausstrahlung voll im Trend liegt.

Montana baut 1986 auf seine Schlüsselworte Reinheit, Modernität und Perfektion und kreiert einen warmen, anspruchsvollen Duft „Parfum de Peau“. Der neubarocke Italiener Gianni Versace verführt parallel dazu die Dame, die es gern prunkvoll und schrill hat, mit einem fruchtigen Chypre-Parfum, das er auf seinen Namen tauft. Auch orientalische Düfte feiern ein Comeback.

Eines der berühmtesten Parfums der achtziger Jahre ist der unverhüllt erotische Duft „Obsession“, den der amerikanische Designer Calvin Klein 1985 präsentiert. Leidenschaftlichkeit ohne jegliches Tabu – auch das ist heute möglich.

Claude Montanas Zukunftsvision aus dem Jahr 1986. Eine Duftspirale schraubt sich in den Himmel. Das Parfum wird zum schwerelosen Verbündeten der Frau.

„Diva“ betritt 1983 die Bühne. Die blumige Komposition Emanuel Ungaros, des Altmeisters im Mustermix, liegt voll im Trend.

Ein Superstar der Design-Szene ist Gianni Versace. Der neubarocke Italiener entwirft erotische, prunkvolle Kleider für exaltierte Frauen und modemutige Männer. „Versus" ist Versaces erfolgreicher Versuch, seinen Namen auf dem männlichen Duftsektor zu etablieren.

Rechts: „Obsession" – Besessenheit – ist ein Stoff, aus dem provozierende Sinnlichkeit spricht. Calvin Kleins Duftphantasie aus dem Jahr 1985 muß man lieben – oder hassen. Oben: Kleins aktuellster Coup ist das Parfum „Eternity".

DUFTVISIONEN

„Ich gebe den Menschen Schönheit, Harmonie, Eleganz und Romantik. Mehr kann man von mir nicht verlangen". Romeo Gigli. Ausgezeichnet mit dem ersten Preis der französischen Parfumindustrie: „Romeo".

Im Schlaglicht der „neuen Bescheidenheit", die zu Beginn der 90er Jahre die statussymbolträchtige Protzerei hemmungsloser Karrieristen in den Schatten stellt, präsentiert sich ein für die eitle Modebranche ungewöhnlich zurückhaltendes Talent: Romeo Gigli. Der Mailänder Couturier verzichtet auf Glamour und teure Model-Stars, er gilt als pressescheu, introvertiert und schüchtern, er verabscheut jeden Rummel, jede öffentliche Zurschaustellung. Doch dieser Mann ist, wie die einflußreiche Modekolumnistin Suzy Menkes von der „International Herald Tribune" schwärmt, „der wichtigste Inspirator für die Mode der 90er Jahre". Schlicht revolutionär wirken seine „Kleider für Modeintellektuelle" („Women's wear daily"), seine femininen Kunstwerke, die mehr zeigen als verhül-

„Gigli per Uomo" – rassig und originell

len und gleichermaßen züchtig und erotisch sind. Mit „Romeo", einer fruchtig frischen Duft-Kreation, gewinnt der Autodidakt den ersten Preis der amerikanischen Parfumindustrie für seine Verpackung. Und wie sein diskret-raffinierter Stil der Modewelt neue Impulse gibt, so bündelt der Duft und seine Gestaltung die Visionen des leisen Genies: „Ich gebe den Menschen Schönheit, Harmonie, Eleganz und Romantik. Mehr kann man von mir nicht verlangen".

Er verwebt Kontraste zu einer homogenen Einheit: Christian Lacroix.

Mit sinnlichem Überschwang verwebt Romeo Giglis Zeitgenosse Christian Lacroix unterdessen Subtiles und Grobes zu einer homogenen Einheit. Seine spektakuläre Liebe zu Kontrasten und Überschreitungen, mit der er alltägliche Sehgewohnheiten ins Schwanken bringt, äußert sich auch in dem Duft „C'est la vie". Die wohl französischste aller Formulierungen spiegelt in ihrer fatalistisch-fröhlichen Aussage die Exzentrik und Nonchalance der Lacroix-Frau: Wilder Jasmin, Orange und Osmanthus gemischt mit Sandelholz, Vanille und Tonkabohne. Wild und süß, modern und nostalgisch, elegant und mysteriös... C'est la vie!

Wilder Jasmin, Orangenblüten, Osmanthus, Sandelholz, Vanille, Tonkabohne. „C'est la Vie" 1990.

Mauern fallen, Grenzen verschwimmen, Ideologien sterben. Eine neue Welt, so bedroht und labil sie auch immer sein mag, entsteht. Wolfgang Joop, gebürtiger Potsdamer, zelebriert die deutsche Wiedervereinigung mit seinem Parfum „Berlin". Als Hommage an eine Metropole, die einmal das Zentrum der Lebenslust war, will er seinen Duft verstanden wissen. Und vielleicht auch als Aufforderung zum Tanz auf den Ruinen, aus denen neue Hoffnungen wachsen.

Von dort, wo graue Monotonie jahrzehntelang im Keime zu ersticken drohte, was phantasievoll oder farbig war, kommt der slawische Modeschöpfer Slava Zaïtsev.

Sein Thema ist die klassische russische Heldin, mutig, leidenschaftlich und schön. Zaïtsevs Göttin singt und tanzt und atmet frei und sie bewegt sich in seinen farbenprächtigen Roben mit jenem unvergleichlich seelenvollen Selbstbewußtsein, das wir aus der großen russischen Literatur kennen. 1990 stellt er sie erstmals einem westlichen Publikum vor, das von ihrer prächtig geschmückten und strahlend wiedergeborenen Weiblichkeit begeistert ist.

Wolfgang Joop feiert die deutsche Wiedervereinigung mit seinem Parfum „Berlin".
Der vierte Damenduft des gebürtigen Potsdamers trifft den Geschmack der neuen, weiten Welt.

„Maroussia" ist der Duft, der Zaïtsevs Muse küßt. Die blumig orientalische Botschaft aus dem ewigen Russland besiegelt, was Zaitsev mit seinen Kollektionen feiert: den Triumph von Freiheit, Individualismus und Poesie.

„Russe zu sein war niemals eine Frage der Staatsangehörigkeit sondern immer des Herzens... Es ist ein bißchen so, als sei man Dichter, Schöpfer... oder Slawe“. Slava Zaïtsev.

Ungeduldig auf das Leben und wild auf Gefühle. Zaïtsevs Mode beschwört die Romantik seines Landes und zitiert den ornamentalen Reichtum russischer Folklore.

Die Noten von Maroussia bilden eine Symphonie, die tief mit der russischen Seele verbunden ist.

„L'Eau d'Issey" ist ein Extrakt.
Der ungewöhnliche Duftentwurf geleitet zu geheimnisvollen, neuen Ufern der Imagination.

Issey Miyake präsentiert 1992 sein erstes Parfum „Eau d'Issey". Die Komposition ist rein, schlicht und avantgardistisch.

„Es gibt keine ästhetischen Imperative", für den Philosophen der Mode, Issey Miyake, haben sich erdenschwere Diktaturen ebenfalls in nichts aufgelöst. Er prägt einen Stil, der jenseits von Raum und Zeit durch die Luft fliegt, fernab sämtlicher Modetrends.

Wer in Issey Miyakes bizarre Welt eintauchen will, muß bereit sein, Gewohnheiten über Bord zu werfen. Denn seine plissierten, gedrehten, gewellten, geschlungenen und nahtlos auf den Körper der Frau modellierten Kreationen setzen Linien in Bewegung, die vollkommen neue Silhouetten entstehen lassen.

Alles fließt: „Ein Stoff ist wie etwas natürlich Gewachsenes, man sollte nicht dagegen angehen". Dem Element, das wie kein zweites energiegeladene Dynamik und unaufhaltsames Vorwärtsstreben symbolisiert, widmet der japanische Erneuerer jetzt sein erstes Parfum, dem Wasser. „L'Eau d'Issey", eine originelle Komposition aus Lotusblüten, Rosenwasser, Alpenveilchen und Fresien, Pfingstrosen und weißen Lilien, Tuberose, Osmanthus und Moschus, sprudelt übermütig und rein aus der unerschöpflichen Quelle seiner Imagination.

Miyakes Wege zu unbekannten Ufern sind verschlungen. Vielfalt und Reduktion, Althergebrachtes und Modernität, Traum und Wirklichkeit sind für ihn keine Widersprüche, die überbrückt werden müssen. Issey Miyakes Wege führen in die Zukunft.

Verwandlung: wenn Frauen in Miyakes Gewänder schlüpfen, werden sie zu Kunstfiguren. Der Japaner setzt Linien in Bewegung, die ungewohnte Silhouetten entstehen lassen.

„In Frankreich ist die Digitalisierung von Gerüchen gelungen... Der Vorgang ist einigermaßen aufwendig und kompliziert: man benötigt den Geruch, als Substanz oder auf einem möglichst neutralen Substrat, und eine Apparatur ähnlich der, wie sie bei der Gaschromatographie verwendet wird. Die Moleküle, die beim Menschen den Sinneseindruck des Geruchs hervorrufen, werden freigesetzt, aufgefangen, gewichtet und schließlich einer Analog-Digital-Wandlung unterzogen. Am Ende des Prozesses steht eine Datei in einem speziellen Format – FMB haben es die Forscher genannt wie „fragrant bit map"... Wie wandelt man die FMB-Datei wieder in einen wahrnehmbaren Geruch? Die Lösung ist verblüffend einfach: die – völlig unabhängig von der Komplexität des Geruchs – exakt 729 Kilobyte große Datei wird in ein briefmarkengroßes Feld gedruckt, wo die gespeicherte Datenfülle als scheinbar regelloses Muster von Druckfarbe erscheint. Die unregelmäßig beschichtete Oberfläche hat einen für sie charakteristischen Reibwiderstand. Dieser wiederum sorgt dafür, daß genau jene Moleküle an der Hautoberfläche eines reibenden Fingers freigesetzt werden, die von der Nase als Geruch wahrgenommen werden". Adieu Flakon, au revoir flüchtige Romantik? Eine Nachfrage bei der Frankfurter Allgemeinen Zeitung, wo die Horrorvision am 3. März 1992 unter dem Titel „Bit non olet" erschienen war, klärt die verwirrende Sachlage. Es habe sich um einen Faschingsscherz gehandelt, wird dem glücklichen „Narren" mitgeteilt, dessen naiver Durchblick von keinerlei Computerintelligenz geschärft ist. Daß die olfaktorische Digitalisierung auf megabyte-potente Festspeicherplatten irgendwann möglich sein wird, ist jedoch nicht auszuschließen. Und wer weiß, vielleicht träumen sich unsere Enkel via Duft-Chip dorthin, wo die Rosen blüh'n. Andere, neue Einsatzmöglichkeiten von Gerüchen sind längst Realität. In Japan schicken Firmen beispielsweise Düfte durch ihre Klimaanlagen, die Arbeitsleistung und Stimmung positiv beeinflussen sollen: morgens Zitronenduft als Muntermacher, in der Mittagspause etwas Rose zum Entspannen, am Nachmittags-Tiefpunkt ein wenig würzigen Holzdampf für neuen Schwung. Auf der manipulativen Signalwirkung von Düften basiert auch das neueste japanische Spielzeug. Bald soll ein Wecker auf den Markt kommen, der nicht nur Krach macht, sondern auch mit frischem Kaffeeduft müde Geister aus den Betten treibt. Kaum ein Supermarkt, der nicht mit Pizzaschwaden oder ozonreich riechender Waldluft den Verkauf von Nahrung oder Motorsäge ankurbelt, kaum ein Kaufhaus, das unangenehme Ausdünstungen nicht mit Seefrische, Hyazinthe oder Kieferduft maskiert. Aus Amerika kommt eine hysterische Gegenreaktion auf die omnipräsente Duftberieselung: dort gibt es seit kurzem „geruchsfreie Zonen", garantiert unparfümierte Luft für duftlose Menschen.

In London wird zur Zeit darüber nachgedacht, wie dem Underground sein Schrecken zu nehmen sei. So will die Stadtverwaltung aggressionsdämpfende Blumengerüche durch die Belüftungsanlagen der U-Bahn leiten und mit leicht zitronigen Brisen dunkle Ecken „ausleuchten". Fluggesellschaften hierzulande mischen bereits heute der Klimaanlage kurz vor der Landung Mentholduft bei, zur Erfrischung der Passagiere und um ihnen die Angst zu nehmen. Vielleicht wird ja selbst der heimkehrende Vielflieger dazu übergehen, sich abends anstelle eines Drinks erstmal einen munteren Raumduft zu mixen.

Düfte und Moden werden sich sicherlich in ihrer mannigfaltigen Schönheit und Ausdruckskraft auch weiterhin beflügeln und gegenseitig stützen. Und auch morgen noch werden Männer und Frauen – wie ihre Vorfahren – jenes köstliche „Aha"-Erlebnis haben, wenn ein feines Parfum durch ihre Sinne streicht, das eine empfängliche Saite im Zentrum ihrer Wahrnehmung berührt.

„Die Mode stirbt jung", sagte Jean Cocteau. Aber zweimal im Jahr feiert sie in Paris Auferstehung.
Modell: Christian Lacroix.

Bibliographie

Autour du Parfum
Le Louvre des Antiquaires, 1983
Des Hommes et des Plantes
Maurice Mességué, Opera Mundi,
Paris 1970
Die Dreissiger Jahre
Haus der Kunst e.V., DuMont Buchverlag,
Köln 1977
Die Welt der Düfte
Anne Sybille von Blomberg, TR-Verlags Union,
München, 1990
Dior
Françoise Giroud, Schirmer Mosel,
München 1987
Elegante Welt, 1953
Fashion
The Mirror of History,
Michael and Ariane Batterberry,
Greenwich House, New York 1977
Flacon Collectors Club Magazin
Beatrice Frankl, München
Fragrance
Edwin T. Morris, Charles Scribner's Sons,
New York, 1984
From Chuit & Naef to Firmenich S. A.
Roger Firmenich Atar S. A.,
Genf, 1990
Guerlain
Collette Fellous, Editions Denoël, 1987
Hafis Liebesgedichte
Insel Verlag,
Frankfurt 1980
Kosmetik im Alten Ägypten
Staatl. Sammlung Ägyptischer Kunst,
München 1990
Kulturfahrplan
Stein, Herbig, 1976
Lesage Maître Brodeur de la Haute Couture
Palmer White, Chêne,
Paris 1988
Les Années 50
Anne Bony, Editions du Regard,
Paris 1982
Moderne Frau
Stalling Verlag,
Oldenburg 1953
Parfum
Katharina Hegewisch, FAZ Magazin, Nr. 434, 1988
Parfum und Flacons
Edmund Launert, Callwey,
München, 1985
Paul Poiret
Palmer White, Busse Seewald,
Herford 1989
Propyläen Weltgeschichte
Hrsg. Golo Mann, Die Welt von Heute
Ullstein Verlag, Frankfurt 1986
Radical Rags
Joel Lobenthal, Abbeville Press,
New York, 1990
René Gruau
Hrsg. Joëlle Chariau, Schirmer Mosel,
München 1984
Rosen für Josephine
P. J. Redouté, Gondrom Verlag,
Bayreuth, 1977
Tagebuch
Samuel Pepys, Reclam, Stuttgart 1980
The Book of Perfumes
Eugene Rimmel, London 1865

Bildnachweis

Die jeweiligen Bildrechte liegen bei den genannten Firmen und wurden freundlicherweise für dieses Buch zur Verfügung gestellt.

Alle Urheberrechte, die nicht ausfindig gemacht werden konnten, sind reserviert und können bei der AVG GmbH, Baaderstraße 56 A, 8000 München 5 geltend gemacht werden.

Seite 8, 9
Photo: Christine Noll 1992,
Mit freundlicher Unterstützung der Firmenich GmbH
Seite 11
Mit freundlicher Genehmigung der
Guerlain Parfumeur GmbH
Seite 13
Mit freundlicher Genehmigung der
Elizabeth Arden GmbH
Seite 14
Mit freundlicher Genehmigung der
Guerlain Parfumeur GmbH
Seite 16
Photos: Christine Noll 1992
Seite 17
Mit freundlicher Genehmigung der
Guerlain Parfumeur GmbH
Seite 21, 22, 23
Photos: Christine Noll 1992,
Mit freundlicher Unterstützung der Firmenich GmbH
Seite 24, 25
Mit freundlicher Genehmigung der Firmenich GmbH
Seite 26
Photo: Christine Noll 1992,
Mit freundlicher Unterstützung der Firmenich GmbH
Seite 28, 29
Photo: Bruno Hausch 1992
Seite 31
Bildarchiv Preussischer Kulturbesitz,
Photo: Margarete Büsing 1990

Seite 33, 35, 36, 37
Mit freundlicher Genehmigung der
Hans Schwarzkopf GmbH
Seite 39
Staatliches Museum für Völkerkunde München,
Photo: S. Autrum-Mulzer 1991
Seite 40
Photo: Christine Noll 1992
Seite 41, 42, 43
Staatliches Museum für Völkerkunde München,
Photo: S. Autrum-Mulzer 1991
Seite 44, 45
Photo: Ernst Waldheim 1992
Seite 47
Museum für Kunst und Gewerbe,
Hamburg
Seite 48, 49, 51, 52, 53, 54, 55, 56
Mit freundlicher Genehmigung der
Hans Schwarzkopf GmbH
Seite 57
Mit freundlicher Genehmigung von Sotheby,
Parke Bernet, London
Seite 59
Mit freundlicher Genehmigung des
Hotels Negresco, Nizza
Seite 60, 61, 62, 63, 64
Mit freundlicher Genehmigung der
Kommunikation & Marketing Volker Stoltz GmbH,
im Auftrag der
4711 Eau de Cologne & Parfümerie-Fabrik

Seite 65
Mit freundlicher Genehmigung der
Parfums Houbigant Paris Inc.
Seite 66, 67, 68, 69
Mit freundlicher Genehmigung der
Guerlain Parfumeur GmbH
Seite 70, 71
Mit freundlicher Genehmigung der
Guerlain Parfumeur GmbH,
Photo: Schall, Paris
Seite 72, 73, 74, 75
Mit freundlicher Genehmigung der
Hans Schwarzkopf GmbH
Seite 76
Mit freundlicher Genehmigung der
Elizabeth Arden GmbH
Seite 77
Photo Tabac Original: Christine Noll 1992,
Mit freundlicher Unterstützung der
Mäurer + Wirtz GmbH & Co. KG
Seite 77
Photo Yardley: Christine Noll 1992,
Mit freundlicher Unterstützung der
Margaret Astor AG
Seite 78
Mit freundlicher Genehmigung der
Aramis GmbH
Seite 78, 79, 80, 81
Mit freundlicher Genehmigung der
Estée Lauder Cosmetics GmbH & Co. OHG
Seite 82, 83
Mit freundlicher Genehmigung der
Revlon GmbH & Co. KG
Seite 84
Mit Unterstützung der Lancaster Group AG
und deren Divisions: Parfums Chopard
Seite 85
Mit freundlicher Genehmigung der
Avon Cosmetics GmbH
Seite 85
Mit Unterstützung der Lancaster Group AG
und deren Divisions: Davidoff Cosmetics
Seite 86
Mit Unterstützung der Lancaster Group AG
und deren Divisions: Parfums JOOP!
Seite 86
Mit freundlicher Genehmigung von
PARDIS Parfums und Kosmetik Vertrieb GmbH,
im Auftrag von Tiffany
Seite 86
Mit freundlicher Genehmigung von
Giorgio Beverly Hills, Vertrieb: Clarins GmbH
Seite 86
Mit freundlicher Genehmigung von
Parfums Cacharel
Seite 87
Mit freundlicher Genehmigung der
Avon Cosmetics GmbH
Seite 88
Mit freundlicher Genehmigung der
Elizabeth Arden GmbH
Seite 89
Mit freundlicher Genehmigung der
Jean Patou & CIE
Seite 90, 91
Mit freundlicher Genehmigung der
Lancôme GmbH
Seite 92
Mit freundlicher Genehmigung der
Parfums Paloma Picasso
Seite 93
Mit freundlicher Genehmigung von
PARDIS Parfums und Kosmetik Vertrieb GmbH,
im Auftrag von Trussardi
Seite 93
Mit Unterstützung der
Lancaster Group AG
und deren Divisions: Jil Sander Cosmetics

Seite 93
Mit Unterstützung der
Lancaster Group AG
und deren Divisions: Bogner Cosmetics
Seite 94, 95
Photo: Bruno Hausch 1992
Seite 97
Museum für Kunst und Gewerbe, Hamburg
Seite 98, 99
Mit freundlicher Genehmigung der
Hans Schwarzkopf GmbH
Seite 100
Mit freundlicher Genehmigung von
Sotheby, Parke Bernet,
London
Seite 101, 102
Mit freundlicher Genehmigung der
Hans Schwarzkopf GmbH
Seite 103
Mit freundlicher Genehmigung von
Sotheby, Parke Bernet,
London
Seite 104
Mit freundlicher Genehmigung der Wella AG
Seite 105
Mit freundlicher Genehmigung der
Hans Schwarzkopf GmbH
Seite 106 oben
Mit freundlicher Genehmigung der Wella AG
Seite 106 unten
Mit freundlicher Genehmigung der
Hans Schwarzkopf GmbH
Seite 107, 108, 109
Mit freundlicher Genehmigung der Wella AG
Seite 110
Photo: Bruno Hausch 1992,
Mit freundlicher Unterstützung der
Privatsammlung Beatrice Frankl
und des Flacon-Collectors-Club e.V.
Seite 111
Mit freundlicher Genehmigung der
Firma Cristal Baccarat
Seite 112, 113, 114, 115
Photo: Bruno Hausch 1992,
Mit freundlicher Unterstützung der
Privatsammlung Beatrice Frankl
und des Flacon-Collectors-Club e.V.
Seite 116, 117, 118, 119, 120
Mit freundlicher Genehmigung der
Firma Cristal Baccarat
Seite 121 oben
Photo: Bruno Hausch 1992,
Mit freundlicher Unterstützung der
Privatsammlung Beatrice Frankl
und des Flacon-Collectors-Club e.V.
Seite 121 unten
Mit freundlicher Genehmigung der Wella AG
Seite 122, 123, 124, 125, 126, 127, 128, 129
Photo: Bruno Hausch 1992,
Mit freundlicher Unterstützung der
Privatsammlung Beatrice Frankl
und des Flacon-Collectors-Club e.V.
Seite 130, 131
Mit freundlicher Genehmigung der
Guerlain Parfumeur GmbH
Seite 133
Mit freundlicher Genehmigung der
Elizabeth Arden GmbH
Seite 135
Photo: Bruno Hausch 1992
Mit freundlicher Unterstützung der
Privatsammlung Beatrice Frankl
und des Flacon-Collectors-Club e.V.
Seite 138
Lepape George, © VG Bild-Kunst,
Bonn, 1992
Seite 139
Roger-Viollet, © Lipnitzki-Viollet

Seite 140
Photo: J. H. Lartigue
Seite 141
Mit freundlicher Genehmigung der
CHANEL GmbH & Co.,
Photo: Roger Schall
Seite 141
Mit freundlicher Genehmigung der
CHANEL GmbH & Co.
Seite 142
Mit freundlicher Genehmigung der
CHANEL GmbH & Co.,
Photo: Karl Lagerfeld
CHANEL-Haute-Couture-Modell von 1928
Seite 143
Mit freundlicher Genehmigung der
CHANEL GmbH & Co.,
Photo: Karl Lagerfeld
CHANEL-Haute-Couture-Modell von 1926
Seite144, 145, 146, 147
Mit freundlicher Genehmigung der
Jean Patou & Cie.
Seite 150, 151
Vertes Marcel, © VG Bild-Kunst, Bonn 1992
Seite 152, 153
Mit freundlicher Genehmigung der
Jeanne Lanvin S.A., Paris
Seite 154
Mit freundlicher Genehmigung der
Volkswagen AG, Wolfsburg
Seite 155
Mit freundlicher Genehmigung von
Christian Dior,
Mode-Photo: Willy Maywald
Seite 156, 157
Illustrationen von René Gruau, erstellt für
Parfums Christian Dior,
Mit freundlicher Genehmigung von
Parfums Christian Dior
Seite 156, 157
Flakons: Mit freundlicher Genehmigung von
Parfums Christian Dior
Seite 158
Mit freundlicher Genehmigung von
Parfums Balenciaga, Paris
Seite 160
Photo: Bruno Hausch 1992,
Mit freundlicher Unterstützung der
Privatsammlung Beatrice Frankl
und des Flacon-Collectors-Club e.V.
Seite 161, 162, 163
Mit freundlicher Genehmigung von
Nina Ricci,
Paris
Seite 165
Mit freundlicher Genehmigung der Vespa GmbH
Seite 166, 167,168
Mit freundlicher Genehmigung von Givenchy (DR)
Seite 169
Mit freundlicher Genehmigung von Givenchy (DR),
Photo: Victor Skrebneski
Seite 170, 171, 172
Mit freundlicher Genehmigung der Hermès GmbH
Seite 173
Mit freundlicher Genehmigung der
Fiat Lancia Automobil AG
Seite 174, 175
Mit freundlicher Genehmigung der
Elizabeth Arden GmbH
Seite 177
Photo: Christine Noll 1992
Seite 178
Mit freundlicher Genehmigung von
Guy Laroche, Paris
Seite 179
Mit freundlicher Genehmigung von
Parfums Guy Laroche,
Portrait-Photo: J. D. Lorieux

Seite 180, 181
Mit freundlicher Genehmigung von
Parfums Ralph Lauren
Seite 182
Halston: Mit freundlicher Genehmigung von
Ultima II
Seite 182
Illustration: Monsieur Yves Saint Laurent,
Mit freundlicher Genehmigung von
Yves Saint Laurent Couture
Seite 183
Mit freundlicher Genehmigung der
Yves Saint Laurent Parfums GmbH
Seite 184, 185
Illustration: Monsieur Yves Saint Laurent,
Mit freundlicher Genehmigung von
Yves Saint Laurent Couture
Seite 186
Mit freundlicher Genehmigung der
Firma Karl Lagerfeld,
Photo: Selbstportrait Karl Lagerfeld
Seite 186
Mit freundlicher Genehmigung der
Elizabeth Arden GmbH
Seite 187
Mit freundlicher Genehmigung der
Firma Karl Lagerfeld,
Photo: Karl Lagerfeld, Sommerkollektion 92
Seite 189
Portrait-Photo: Timothy Greenfield-Sanders,
Mit freundlicher Genehmigung der
Jil Sander AG
Seite 189
Mode-Photo: Nick Knight,
Mit freundlicher Genehmigung der
Jil Sander AG
Seite 189
Flakon: Mit Unterstützung der Lancaster Group AG
und deren Divisions: Jil Sander Cosmetics

Seite 190
Mit freundlicher Genehmigung von
Parfums Giorgio Armani
Seite 191
Mit freundlicher Genehmigung der
Elizabeth Arden GmbH
Seite 192
Ungaro: Mit freundlicher Genehmigung der
Parfaro Import GmbH,
Hamburg
Seite 192
Mit freundlicher Genehmigung von
Parfums Montana
Seite 193
Mit freundlicher Genehmigung von
Parfums Versace
Seite 193
Photos: Christine Noll 1992,
Mit freundlicher Unterstützung der
Calvin Klein Cosmetic Vertriebs GmbH
Seite 194
Mit freundlicher Genehmigung von
PARDIS Parfums und Cosmetic Vertrieb GmbH,
im Auftrag von Romeo Gigli
Seite 195
Mit freundlicher Genehmigung von
Parfums Lacroix
Seite 196
Mit Unterstützung der Lancaster Group AG
und deren Divisions: Parfums JOOP!
Seite 197
Mit freundlicher Genehmigung von
L'ORÉAL Parfumerie
Seite 198, 199
Mit freundlicher Genehmigung von
Parfums Issey Miyake
Seite 201
Mit freundlicher Genehmigung von
Parfums Lacroix